KB234963

사교육 다이어트
가정학습에 길이 있다

사교육 다이어트

가정학습에 길이 있다

초판 1쇄 인쇄　2011년 2월 22일
초판 1쇄 발행　2011년 3월　1일

지은이 | KBS 수요기획팀 · 이승희 · 임미영
펴낸이 | 정재면
펴낸곳 | 황금물고기

기획 | 민영범
디자인 | 난
출력 | 으뜸애드래픽
인쇄 | 천일문화사

등록 | 2003년 12월 5일　제313-2003-000372호
주소 | 121-250 서울시 마포구 성산동 226-10 2층
전화 | 02-326-3336　팩스 | 02-325-3339
이메일 | egoldfish@naver.com

ISBN 978-89-94154-09-1 13590

사교육 다이어트
가정학습에 길이 있다

KBS 수요기획팀 · 이승희 · 임미영 공저

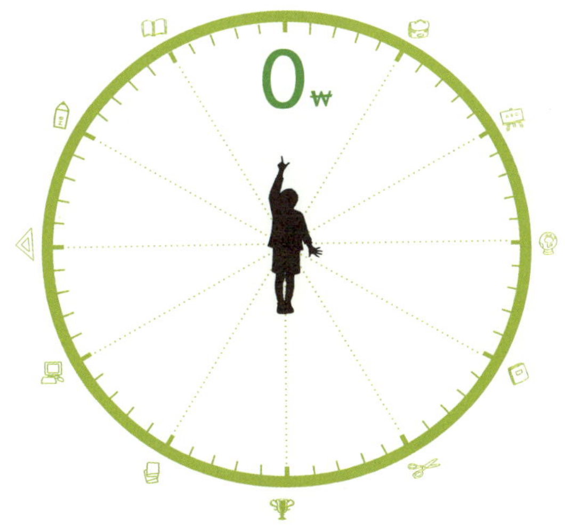

황금물고기

아이에게 들어간 사교육비가 얼마인지는 알아도,
아이 교과서에 어떤 내용이 실려 있는지는 모르는 부모!
혹 당신의 모습은 아닌지요?
공교육이냐 사교육이냐를 두고 방황하는 사이에
정말 중요한 것을 잊으며 사는 건 아닌지…….
아이가 진정 즐거워하고 행복한 마음으로 할 수 있는 공부,
어쩌면 그 해답은 가정 안에 있는지도 모릅니다.
공교육과 사교육 사이에서 방황하는 이 시대의 부모들에게
지금 바로 행복한 해법을 제시합니다!

사교육비 제로, 기적의 가정학습

"국적은 바꿀 수 있어도 학적은 바꿀 수 없다!"

대한민국에 살면서 절대 바꿀 수 없는 것 하나! 그것은 바로 학적이다. 주소도 호적도 심지어 국적까지도 바꿀 수 있지만, 우리나라에서 학적만큼은 절대 바꿀 수 없다. 그래서 부모들은 자식들이 반드시 특목고와 명문 대학에 입학하기를 바라고, 그런 이유로 명품 과외와 족집게 학원에 열광하는 등 사교육에 집중할 수밖에 없는 것이다.

심지어 '성공은 곧 일류대 진학'이라는 공식을 확고하게 믿는 부모들 사이에서는 이런 유머도 떠돈다.

우리나라 엄마들은 '응애' 하고 아이가 태어나면 바로 아인슈타인 우유를 먹인단다. 왜? 아인슈타인 같은 천재가 되라고. 하지만 얼마 지나지 않아 천재성에 의문이 들기 시작하면, 눈높이를 조금 낮추어 서울우유로 바꾼다. '그래, 서울대라도 가자!'라는 생각으로. 그러다 중학생이 되면 연세우유로 바꾼다. '서울대는 어려워도 SKY는 가야지.' 하지만 아이들 성적이 어디 엄마 마음 같으랴. 고등학생이 되어도 별 볼일 없는 성적을 들고 오니 엄마는 지푸라기라도 잡는 심정으로 건국우유로 바꾼다. '그래도 2호선은 타야지!'

물론 고3이 되면 저 지방에 있는 대학에라도 가자며 '저지방 우유'로 바꾼다고 한다. 하지만 이 순간까지도 부모들은 '1점이면 학교 레벨이 달라지는데, 혹시라도……' 하는 마음에 수입의 절반 이상을 과감하게 학원비와 과외비로 투입한다.

그런데 어찌된 일일까? 해마다 입시철이면 사교육에 돈 한 푼 안 들이고도 특목고나 명문 대학에 입학한 천연기념물 같은 인물들이 꼭 등장하니 말이다.

"저는 사교육은 한 번도 받지 않았지만 원하는 학교에 합격했어요."

남들은 언어, 영어, 수학 등등 내로라하는 학원을 대여섯 개씩 다니고도 특목고에 원서도 못 내보고 일류대 문턱은 밟아 보지도 못하는데, 과외 한 번 안 받고 학원조차 안 가봤다면서 원하는 학교에 덜컥 합격하다니! 혹시 실제로 존재하지 않는, 누군가 만들어 낸 이야기는 아닐까 의심이 들기도 한다.

그러나 있다. 드물기는 해도 우리 주변에는 학원이나 과외 한 번 받지 않고도 모두가 꿈꾸는 특목고에 또는 명문 대학에 입학하는 사례들이 있다. 실제로 사교육에 의존하지 않고도 당당하게 꿈을 이루는 사람들이 있고, 사교육 열풍에도 꿈쩍하지 않는 배짱 좋은 사람들이 있다.

소신과 신념으로 똘똘 뭉친 사람들, 인간문화재같이 보기 드문 그들을 어디 한번 만나 보자.

이승희

사교육 다이어트 5

행복한 품앗이, 작은 도서관

- 사교육 대신 아빠 엄마표 과외

- 사교육 없이 상위 1% 되기, 미나의 단계별 학습법

- 부모는 맞춤 트레이너다

- 아이마다 다른 영어 공부법

- 미나, 마침내 국제고에 도전하다!

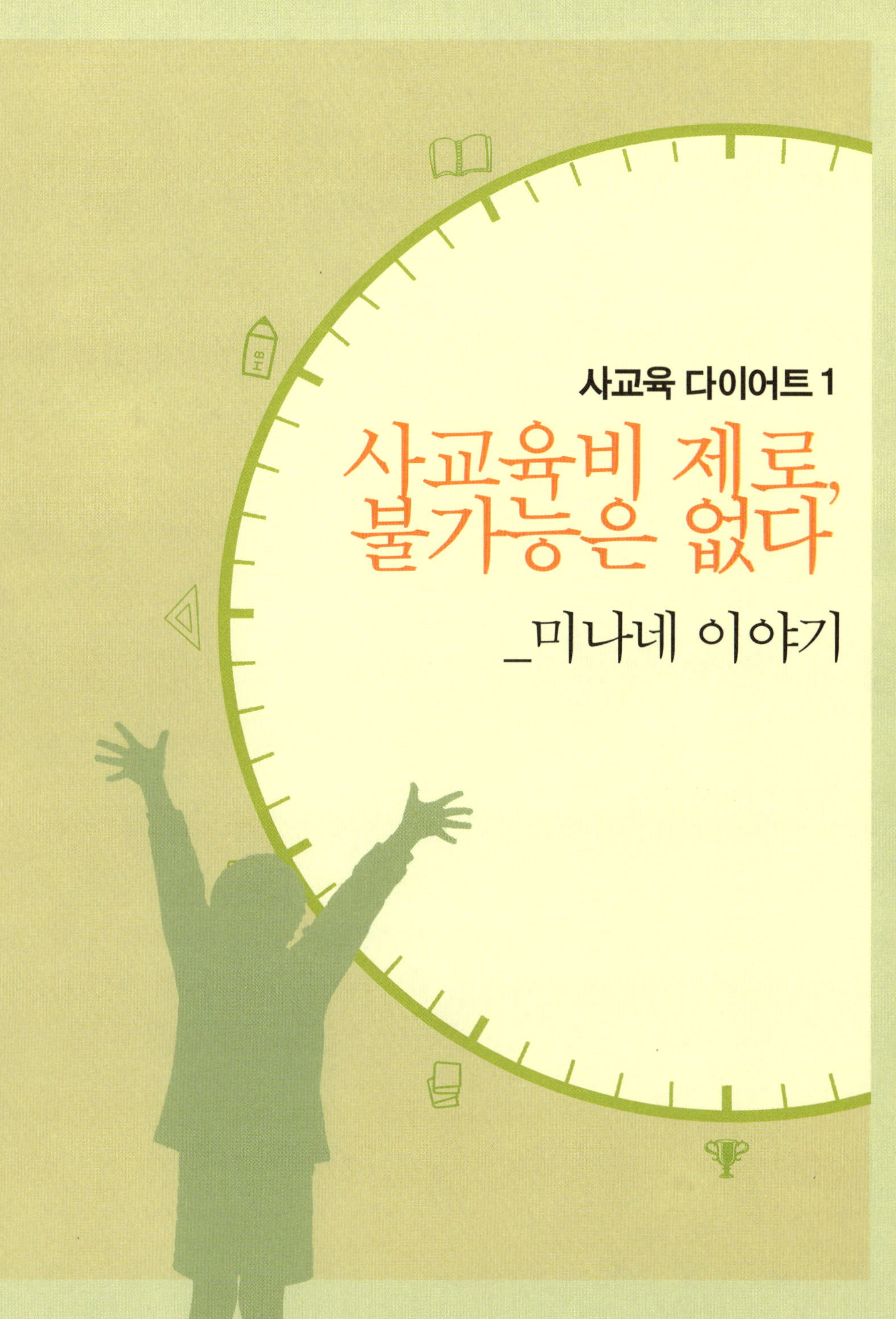
사교육 다이어트 1
사교육비 제로,
불가능은 없다
_미나네 이야기

만일 아이가
참을성 있는 부모 밑에서 자라면
인내심을 배우고,
격려 속에서 자라면 자신감을 배우며,
칭찬 속에서 자라면
그 아이는 감사하는 법을 배운다.

도로시 L. 놀테

사교육 대신
아빠 엄마표 과외

2010년, 미나는 치열한 경쟁률을 뚫고 국제고등학교에 입학했다. 미나는 그 흔한 사교육 한 번 받지 않고도 중학교 성적이 늘 전교 상위 0.5% 안에 들었다. 뿐만 아니라 텝스* 영어 인증 점수도 500점을 넘었다. 텝스 또한 학원의 도움 없이 혼자 공부한 결과다.

그러나 미나는 '축복받은 유전자'를 타고난 엄친딸도 아니요, 무한한 재능을 가지고 종횡무진 활약하는 공공의 적도 아니다. 오히려 아빠 엄마는 미나를 두고 이렇게 얘기한다.

"미나는 결코 머리 좋은 애가 아니에요. 천재나 영재는 더더욱 아

---

* 텝스(TEPS) 서울대학교 언어교육원이 한국인들의 살아 있는 영어 실력, 곧 의사소통 능력을 가장 효과적으로 측정하기 위해 만든 영어 능력 평가시험.

니죠. 다만 집에서 꾸준히 공부하고, 우리가 옆에서 열심히 도와준 것이 좋은 결과를 가져온 거예요."

이렇듯 미나가 공부를 잘할 수 있는 것은 스스로 노력한 결과이고, 또 아빠 엄마가 적극 도와주었기 때문이다. 비록 교육 전문가는 아니지만 미나를 가장 잘 아는 부모님이 생활 및 학습 습관을 탄탄하게 잡아준 덕분에 공부를 열심히 할 수 있었다고 한다. 이런 과정을 인정받아 2009년 서울시 교육청에서 처음으로 실시한 '사교육 없는 자녀교육 성공 사례' 공모전에서 우수상을 받기까지 했다.

미나의 아빠와 엄마는 8년 동안 하루도 빠짐없이 '아빠·엄마표 과외', 아니 '부모표 괴외'를 해왔다. 무역업을 하시는 아빠가 영어를, 피아노 학원을 운영하는 엄마가 수학과 피아노 공부를 봐주었다. 그러나 부모님이 미나에게 가장 많은 신경을 써준 것은 다름 아닌 공부 환경을 만들어 주는 일이었다.

"미나를 키우면서 미나가 가장 잘할 수 있는 공부 환경을 만들어 주고 미나에게 맞는 공부 방법을 찾아 주기 위해 저희 부부는 매일 밤 몇 시간씩 고민하고 대화했어요. 결국 그게 들어맞아 좋은 결과를 얻었죠."

맹자의 어머니가 아들의 교육을 위해 이사를 세 번 했다는 데서 유래한 맹모삼천지교. 이것은 교육에 있어 불문율로 통한다. 그만큼 공부하는 데는 환경이 중요하다는 얘기다. 미나의 부모님 역시 미나에게 공부하기 좋은 환경을 만들어 주기 위해 늘 노력했다. 그리고 미나가 효율적으로 공부할 수 있도록 지원을 아끼지 않았다.

그러나 아무리 좋은 공부 방법이라도 모든 아이에게 똑같이 적용되는 것은 아니다. 미나와 달리 개성이 뚜렷한 동생 해미에게는 또 다른 학습법을 찾아 주어야 했다.

"미나의 공부 방법이 최선은 아니더군요. 둘째 딸 해미에게는 언니의 학습법이 통하지 않았어요. 우리 부부는 해미에게 가장 잘 맞는 공부 방법을 찾아 주기 위해 또다시 오랫동안 노력했어요. 막내아들은 아직 초등학생이라 뭐라고 말할 수 없지만, 딸 둘만큼은 가정학습을 통해 평범한 아이들도 우등생이 될 수 있다는 사실을 보여 주고 싶었습니다. 그래서 우리는 늘 아이와 의논하고, 함께 고민하고 곁에서 지켜보면서 기다려 주었지요. 그게 우리 부부의 비결이기도 합니다."

공부할 분위기를 만들어 주고 부모와 아이 사이에 활발한 의사소통이 이루어지는 것, 아이가 공부할 때 필요한 것을 찾아내고 부족한 부분을 채워 주기 위해 고민하고 계획하고 실천해 가는 과정이 곧 아이들이 공부를 잘할 수 있도록 돕는 방법이었다. 물론 그 역할은 다른 사람이 아닌 자녀들의 전담 매니저, 바로 아빠와 엄마의 몫이다.

미나 역시 부모님만큼 자신을 잘 아는 사람은 없다고 생각한다. 부모님은 자신의 성격이나 습관, 심지어 학습 능력까지도 제대로 파악하고 있기 때문에 잘 이끌어 줄 거라 믿었다.

"학원 선생님이 저에게 관심을 갖는다고 해도 부모님보다 저를 잘 알 순 없잖아요. 부모님은 저에게 맞는 특별한 방법을 제시해 주시기 때문에 어떻게 보면 맞춤 트레이너라고 할 수 있어요."

　최근 사교육 시장이 크게 늘어나 부모들이 자녀를 다른 전문가에게 맡기고 있지만, 아무리 좋은 선생님을 만나거나 학원을 다닌다고 해도 아빠 엄마만큼 자녀를 돕고 관리해 줄 수 있는 사람은 없을 것이다. 다시 말해 미나의 아빠 엄마는 미나의 적성과 성격에 맞는 공부 방법을 찾아 주고 실천할 수 있도록 도와주는 최고의 학습 매니저였다.

사교육 없이 상위 1% 되기,
미나의 단계별 학습법

학원 한 번 안 다니고도 특목고나 영재학교에 입학한 아이들을 보면 뭔가 남다른 점이 있을 것 같다. 유전자 조작으로 잉태와 동시에 미래가 결정된 아이거나 집중력이 탁월한 혈액형을 갖고 있는 건 아닐까 의심스럽다. 이처럼 진짜 공부 잘하는 아이는 타고나는 걸까? 축복받은 우월한 유전자라는 것이 정말 존재하는가? 결론은, 그렇지 않다는 것이다. "열 살에는 신동, 열다섯 살에는 영재, 스무 살에는 평범한 사람"이라는 말처럼, 깜짝 놀랄 만큼 똑똑한 유전인자가 있는 건 아니다. 실제로 특목고나 영재학교에 입학한 아이들을 보면 일찍부터 뚜렷한 목표와 뜻을 세우고, 그 목표를 향해 꾸준히 공부했다고 한다. 어떤 환경에도 흔들리치 않고 자기 관리를 철저히

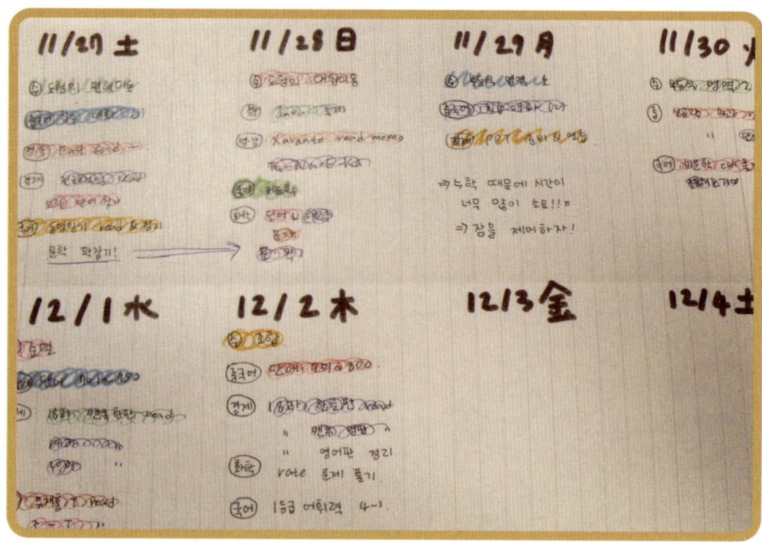

미나의 학습계획표

했기 때문에 좋은 결과를 얻을 수 있었다는 것이다.

미나도 그랬다. 초등학교 때부터 항상 계획을 세워 공부했고, 작고 소박할지라도 목표가 있었다. 그날 해야 할 일과 중요한 일, 집중적으로 성적을 올려야 하는 것들을 구체적으로 정한 뒤에 계획표를 작성했다. 계획표는 유치원 때와 초등학교 저학년 때는 아빠 엄마가 짜주었지만, 초등학교 고학년 때부터는 미나의 의견이 집중 반영되었다. 대신 아빠와 엄마는 미나가 미처 생각하지 못한 것들을 점검해 주고 실천할 수 있는지를 확인해 주었다. 하지만 최종 결정은 늘 미나에게 맡겼다.

그 뒤 미나는 아빠 엄마와 함께 세운 계획들을 가능한 한 철저하

게 지키려고 노력했다. 혹시
라도 미나가 흐트러진 모습을
보이면 아빠와 엄마가 "자,
이제 공부할 시간이 됐네. 아
빠 엄마도 미나 옆에서 함께
공부해야겠다" 하는 식으로
유도했다. 그리고 가끔은 계
획을 잘 실천하고 있는지 확
인하고 격려해 주기도 했다.
이렇게 아빠 엄마와 함께 계
획을 세워 공부하는 동안 미
나는 자신도 모르게 공부가
습관이 되고 생활이 되어 가

미나의 국제고등학교 합격증

는 걸 느꼈다. 언젠가부터 공부가 마치 밥을 먹는 것처럼 하루 일과
속에 자연스럽게 녹아들었다.

뿐만 아니라 미나에게는 공부할 때마다 뚜렷한 목표가 있었다. 예
를 들면 '수학 점수는 몇 점까지 올린다'라든가, '학급 성적은 몇
등까지 올린다'라는 식의 목표를 정하고 그것을 이루기 위해 차근
차근 노력했다. 그렇게 목표들을 하나둘 이루어 나가면서 공부에
대한 열정이 생겼고 흥미를 느꼈다. 당연히 학교 성적도 쑥쑥 올라
마침내 국제고등학교에 합격했던 것이다. 물론 사교육의 도움은 전
혀 받지 않았다.

　국제고등학교 입학생 157명 가운데 비강남권 출신에 학원이나 과외 한 번 받지 않은 아이는 미나가 유일하다. 미나는 학교 친구들에 비해 공인영어 성적도 떨어지고 경시대회에 입상한 경력도 없다. 하지만 어려서부터 목표를 정하고 습관처럼 공부해 왔기 때문에 자기 관리 능력이나 집중력에는 자신이 있었다.

1. 유치원에서 초등학교 1학년까지 _책과 친구되기

세 살 버릇 여든 간다 3~4세

공부보다는 인성을 먼저!
- 아이는 자기 수준에 맞게 이해하고 받아들인다.
- 아이 수준에 맞지 않는 지나친 사교육은 돈뿐만 아니라 아이의 인성도 빼앗아갈 수 있다고 생각한다.

일관성 있는 훈육 필요
- 대부분의 부모들이 아이들을 훈육함에 있어 자신의 감정이나 기분 상태에 따라 훈육 강도에 차이를 보인다.
- 이런 경우 눈치 보는 아이로 만들게 된다.
- 잘못된 방법이라도 일관성이 있으면 아이는 그 일관성으로부터 또 다른 것을 배운다.

두꺼운 귀가 필요해
- 엄마들의 가장 무서운 적은 옆집 엄마란다. 그것도 같은 학년을 둔 옆집 엄마! "누구네 집 아이는 ○○○하더라", "누구네 아들은 ○○학원을 다닌다더라"는 식의 '~카더라' 교육은 위험하다.
- 이때가 엄마들이 가장 불안해 하고 잘못을 범하는 시기다. 옆집 엄마의 한마디에 갈팡질팡 흔들리지 말자.

세상의 지식을 접하다 5~7세

아이와 함께하는 책읽기
- 책을 통해 새로운 세계와 만나고 간접 경험을 넓히도록 한다.
- 책이 집 안에 굴러다니도록 한다(많아야 한다는 의미는 아니다).
- 책을 읽어 주면 아이는 처음에는 눈으로 읽고, 두 번째는 소리를 내서 따라 하며, 세 번째는 스스로 읽었다(별도로 글자를 가르치지는 않았다).

아이와 함께하는 세상 구경

- 참 많이 돌아다녔다.
- 비용이 많이 들지 않으면서도 아이의 눈높이에서 이해할 수 있는 곳들을 찾아다녔다.
- 가능하면 또래가 있는 가정과 함께 다니며 사회성을 길러 주었다.

마나네 가족사진

가지고 노는 음악

- 장난감보다는 집 안에 있는 물건들을 장난감으로 주었다.
- 리코더, 단소 등 간단한 악기들을 장난감 속에 함께 넣어 주어 자연스럽게 접하게 했다.

학교는 새로운 가정 1학년

학교에 대한 좋은 이미지 만들기

- 부모들은 "받아쓰기 몇 점 맞았니?" 같은 질문들로 입학과 동시에 아이와 학교 사이에 벽을 쌓아 간다.
- "학교는 즐거운 곳이고, 선생님은 엄마야!"
- 비록 빵점을 받아 와도 "수고했어"라고 말할 수 있는 여유를 가졌다.

학교에서 일어난 일 말하기

- "오늘 학교에서 어떤 재미있는 일이 있었니?"
- 항상 재미있는 것을 먼저 생각하게 하고, 들어주는 과정을 통해 학교생활을 즐겁게 이야기하는 습관을 만들어 주었다.

선생님과 아이에 대한 이야기 나누기

- 학기 초에는 선생님을 만나서 아이의 장단점을 이야기한다.
- 이를 통해 혹시 있을지 모를 아이에 대한 편견을 사전에 방지하고, 아이의 부족한 부분에 대해 당부와 격려의 말씀을 부탁드린다.

학교가 너무 행복해

- 항상 미나가 하는 말 "왜 이렇게 학교가 좋은지 모르겠어!"

2. 초등학교 2학년~6학년 _목표 정하고 기초 다지기

미나가 초등학생이어서 어렸지만 미나네는 늘 아이와 함께 가족회의를 했다. 그리고 이때부터 본격적으로 목표를 이루기 위한 공부 계획을 세웠으며, 영어를 포함한 책읽기와 피아노, 수학을 중심으로 공부하기로 했다. 영어는 오랫동안 수출 업무를 해온 아빠가, 수학과 피아노는 엄마가 집중적으로 함께하기로 했다. 미나는 이렇게 아빠 엄마와 매일 일정한 분량을 정하고 저녁에 확인하는 방법으로 꾸준히 공부했다.

꿈과 공부를 이야기하다 2학년

아이에게 꿈을 물어본다

- 선생님, 가수, 축구선수, 지구방위 대장…….
- 아이가 꿈에 대해 어느 정도 이해하고 대답하는 것 같았다.
- 아이의 성격, 성향 또는 부모의 바람과 연계된 꿈을 가질 수 있는 분위기를 만들어 준다.

타의로 하는 공부가 아니라 자의로 시작하는 공부
- 이때가 공부라는 표현을 쓰기에 적당한 시점이라고 생각한다.
- 공부는 장기전이다. 공부에 대한 거부감을 느끼지 않게 해주는 것이 중요하다.

공부하는 계획 세우기 초등학교

초등2~고3 과목별 비중 분석 (엄마, 아빠 경험으로 분석)
- 영어(50%), 수학(30%), 국어(10%), 기타(10%)
- 결국 영어만 잘한다면 공부는 결코 어려운 것이 아니다.

영어 공부! 우리 아이는 달라야 한다
- 대부분의 부모들이 영어를 10년 이상 배웠지만 잘하지 못한다. 그런데 불행하게도 자신이 했던 것과 같은 방법으로 아이를 내몬다.
- 왜, 성문종합영어의 명사 부분만 검게 변했던가?
- 6학년까지 대입 수준의 영어에 도달하기(외국 유학에 필요한 영어가 아닌 수능에서 만점을 맞는 것이 목표! 이 목표를 달성하는 데 5년은 충분한 시간이다.)
- 계획: 영어, 성경 문장으로 외우기
  - ▶ 단계별 명작동화를 5학년 말까지 총 40여 권 읽어 어휘 및 독해 완성
  - ▶ 6학년 때 문법 목표 도달
  - ▶ 영어 공인 시험 5회 응시(중학교 1~2학년)

우리 집은 개그콘서트 장이다 (역발상 영어 회화 능력 향상)
- 아빠 엄마는 우리말을 하고 아이들은 영어로 대화를 나눈다.
- 서로 웃는 가운데 아이들이 자연스럽게 영어로 말하게 된다.

경쟁의 시작 중1

초등학교와는 다른 중학교

- 아이들 스스로 경쟁을 시작한다.
- 다른 초등학교에는 미나보다 뛰어난 아이들이 있었다. 그 아이들이 이제 미나와 같은 학교에서 공부한다.

아이의 수준 분석

- 반 배치고사 성적은 370명 가운데 2등, 영어는 고3 수준으로 만족스러웠다.
- 아직까지 중학 과정의 선행학습은 하나도 없었다.

공부 계획 수립

- 수학은 한 학기 정도의 선행학습(영어는 목표를 달성했으므로 여유 있음!)
- 나머지 과목은 학교 수업 시간에 집중해서 끝낸다.

여전히 즐겁고 행복한 학교생활

- 다행히 중학교 1학년 내신이 반영되지 않았다.
- 초등학교 입학 때와 마찬가지로 즐거운 적응 시간을 가질 수 있었다.
- 이 시기에 좋은 학교와 좋은 선생님, 그리고 친구들이 있었다.

좌절과 극복 중2

처음 만나는 좌절과 충격

- 처음으로 두 자리 등수를 받았다.
- 2학기 중간고사 성적표는 모두에게 충격이었다.

온 가족이 함께한 극복 과정

- 성적표를 받아 든 아빠의 첫마디는 "수고했다, 미나야!"였다. 그리고 "우리는 함께해 왔고, 우리 딸이 최선을 다한 걸 알아"라며 응원을 아끼지 않았다.
- 미나는 아빠의 뜻밖의 반응에 감동했고, 새로운 계기가 되었다.

극복과 새로운 출발

- 원인은 수학에 있었고, 아빠 엄마는 미나를 '학원에 보내야 할까?' 고민했다.
- 하지만 미나가 스스로 하겠다고 결심했고, 아빠 엄마는 그 결정에 따랐다.
- 아빠는 미나에게 한 가지 조언을 했다. "수학은 손으로 푸는 거야!"
- 수학을 눈으로 풀려고 한 미나의 습관이 조금씩 변하기 시작했다.

5. 중학교 3학년 _I can do it!

극복은 또 다른 자신감 중3

수학을 사랑하게 되었어요

- 미나는 2학년 겨울방학부터 수학을 손으로 풀었다.
- 정말 많이 풀었다. 시험 전까지 7~8권의 문제집을 풀었으니까.

미나가 공부했던 수학 문제집들

- 처음으로 미나가 예상했던 점수보다 높게 나왔다.
- 미나는 눈물을 글썽이며 "이제는 수학을 사랑할 거야!"라고 말했다.
- 역시 수학은 암기가 아니라 손으로 푸는 과목이었다.

새로운 출발 - 국제고에 도전하다
- 최종 내신 성적 292.15점, 전교 2등(0.56%)으로 추천서를 받았다.
- 마지막 고민에 빠졌다. 심층 면접만큼은 전문 학원에서 준비해야 한다는 주위의 권유에 아빠 엄마는 많이 망설였다.
- 그러나 마지막까지 계획을 바꾸지 않았다. 사교육의 도움 없이 소신껏 하기로 결정!
- 아빠와 엄마, 동생은 물론 친구들까지 자료 준비를 도왔고, 때로는 많은 질문을 던지며 면접관이 되어 주었다.

영어

한글 배우듯이 영어 공부를 해보면 어떨까? 한글로 된 동화를 처음 접할 때 보통 엄마가 읽어 주면 아이는 듣기만 한다. 그러다 어느 순간 따라 읽게 되는데, 영어도 같은 방법으로 시작했다. 교재는 아이가 잘 알고 있는 영어 성경책으로 정했고, 알파벳이나 단어를 몰랐지만 여러 번 읽어 주었다. 오디오는 기계음이고 너무 완벽하게 표현되어 있기 때문에 서툴더라도 아빠 엄마의 목소리로 번갈아 읽어 주었다. 아이가 이야기 하나를 완전히 외울 때까지 반복한 뒤, 그 이야기를 암기했다고 생각되었을 때 비로소 오디오를 들려주었다. 이렇게 몇 편의 이야기를 외우니 아는 단어들이 많아져 새로운 이야기를 들려 주는 데 무리가 없었다. 그래서 이때부터 단어장을 만들어 사전에서 모르는 단어들을 찾도록 했다. 단어와 발음기호, 뜻, 품사 등을 표시하고 여러 번 읽고 쓰면서 외우게 했다. 그리고 이야기는 직독직해를 하게 했는데, 영어식으로 읽고 그 뜻을 알아 가는 것이 학습 효과도 높고 듣기에도 도움이 되는 것 같다.

아빠 엄마는 미나와 8년 동안 영어 공부를 했지만, 단 한 번도 스펠링(spelling)을 물어본 적이 없다. 5년 정도 공부를 하면 자주 쓰는 단어는 수십 번 또는 수백 번 반복할 테고, 그러다 보면 자연스럽게 알게 될 것이라고 생각했기 때문이다.

영어 성경을 끝내고, 명작동화 읽기　초등학교 3학년 때부터 '영어로 읽는 세계 명작' 시리즈를 읽기 시작했다. '영어로 읽는 세계 명작'은 Grade1~Grade6로 구분이 되어 있고, 단계별로 5~10권으로 구성되어 있다. 평소 동화책으로 읽었던 내용들을 다시 영어로 접하는 것이라 미나는 별 거부감 없이 읽어 나갔다. 1단계와 2단계까지는 영어 성경과 같은 방법으로 하루에 한 장씩 외우도록 했고, 저녁에는 외웠던 내용들을 아빠 엄마가 들어 주었다. 매일 이렇게 하다 보니 4학년을 마칠 즈음엔 4단계까지 20권을 읽을 수 있었다. 그러나 4단계부터는 뜻하지 않은 문제에 부딪쳤다. 외국어

영어 성경책

의 수준이 모국어의 수준을 넘어서지 못해 영어보다 한국어를 더 어려워하게 된 것이다. 예를 들면 4단계에 있는 모파상의 단편집 가운데 〈비곗덩어리(Boule de Suif)〉를 읽던 중 미나가 갑자기 "아빠, 왜 장교가 비곗 덩어리라는 아가씨와 go to bed 하면 나머지 사람들을 보내 준다는 거야?"라고 묻는 것이었다. 순간 아빠는 당황해서 대답을 못하고, 엄마가 약간의 성교육을 곁들여 설명을 해야 했다. 그 뒤 5학년 말에는 6단계까지 마무리했다.

해리포터 시리즈 | Basic Grammar in Use 문법책

6학년 때는 문법 공부 미나는 초등학교 6학년 때 문법 공부를 시작했고,《Basic Grammar in Use》(by Raymond Murphy)라는 책을 혼자 공부해 3개월 만에 끝냈다. 그러다 보니 중학교에 진학해서는 시험 기간 중에 영어 공부를 따로 하지 않아도 돼 상대적으로 시간의 여유가 있었다. 중학교 1학년 말 겨울방학 때는 해리포터 시리즈를 원서로 읽기 시작했고, 2학년 때부터 영어공인시험 가운데 텝스를 보았다. 텝스를 보게 한 이유는 미나에게 자신의 영어 수준이 어른들과 비슷해지고 있다는 사실을 알려 주기 위해서였다. 미나도 그 사실에 뿌듯함을 느꼈다.

수학

개념 설명 후 문제 풀기   기본 개념을 반복해서 이야기해 주었다. 개념과 원리를 이해하지 않고 무조건 연산만 할 경우 학년이 올라갈수록 수학을 어려워하게 된다. 수학 공부는 문제집을 한 권 정해서 개념 설명을 한 뒤에 문제를 풀렸다. 그리고 새로운 문제를 접할 때마다 그 문제에서 파생되어 나올 수 있는 문제들을 같이 만들어서 풀었다. 한 문제를 가지고도 다양한 여러 유형의 문제를 만들었고, 문제 풀이가 어느 정도 익숙해지면 아이 스스로 서술형 문제를 만들어 풀게 했다. 이렇게 개념을 완벽하게 이해해서 그 문제집을 다 풀면, 다른 문제집을 몇 권 더 사서 같은 단원끼리 함께 풀게 했다.

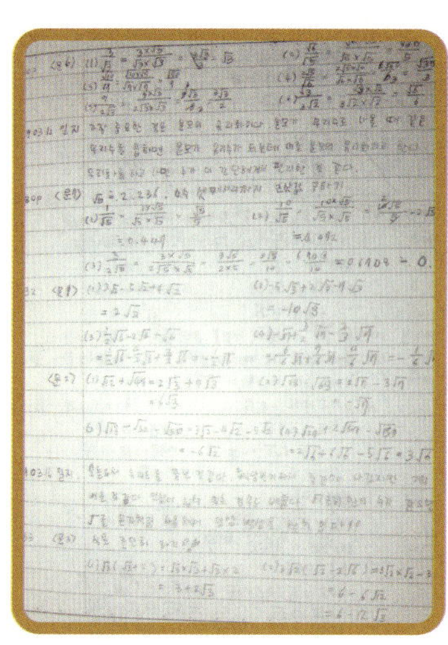

문제풀이 노트

선행학습은 NO~!   학년이 올라갈수록 문제집의 수가 늘어났다. 하지만 미나네 부모님은 경시대회 문제집 같은 것들은 풀리지 않았다. 이유는 너무 어려운 문제들로 인해 흥미를 잃을까봐 걱정되었기 때문이다. 대신 수학 진도는 학교보다 조금 빠르게 나갔으며, 학교에서 배운 부분은 그날그날 문제를 풀려 복습하도록 했다. 보통 선행학습이 가장 많이 이루어지는 과목이 수학인데, 너무 무리하게 앞서 나가면 아이들이 스트레스를 받으므로 미나가 원할 때만 다음 단계의 개념을 설명하고 문제를 여러 번 풀게 했다.

노트 필기법과 실수 줄이기　미나가 초등학교 4~6학년 때는 문제를 풀기 전에 어떤 공식을 대입해서 풀어야 하는지를 말로 설명하게 했다. 그리고 다른 풀이 방법은 없는지를 생각해 보게 한 다음 공책에 문제를 쓰고 풀이 방법을 꼼꼼히 적게 했다. 이 방법은 중학교의 서술형 문제를 풀 때와 노트 정리를 하는 데 아주 유용하다. 또 틀린 문제는 틀린 이유를 체크하고 확인한 뒤에 다른 색 펜으로 문제를 다시 풀도록 했다. 이것 또한 실수를 확실하게 줄이는 좋은 방법인 듯하다.

부모는
맞춤 트레이너다

주변에서 아이가 공부를 잘하는지 묻는다.

그리고 잘한다고 하면 어느 학원에 다니냐고 다시 묻는다.

"우리 아이는 학원에 다니지 않는데요……"라고 말하면, 믿는 사람이 없다. 오히려 내게 학원에 다니지 않고 어떻게 공부를 잘할 수 있냐고 되묻는다.

초등학교 때야 가능한 얘기겠지만 중학교 3학년이 학원을 안 다닌다니, 도무지 믿지 않는 눈치였다.

결국 사람들은 나에게 다시 묻는다.

"그럼 과외하는구나?"

그럴 때마다 난 웃으면서 대답한다.

"네, 과외해요. 아빠 엄마표 과외!"

이런 대화는 이미 4, 5년 전부터 시작되었고 미나가 고등학교에 들어간 지금도 여전히 진행 중이다. 물론 나는 이제 제법 익숙해졌다.

사실 나는 아이들의 성적을 중요하게 생각하지 않는다. 오히려 성적을 잘 받기보다는 세 아이가 자유롭게 성장하기를 원한다. 자유라는 것은 방임과 무관심 또는 방종을 뜻하는 것이 아니라, 조금 시간은 걸리더라도 아이가 원하는 것을 찾아가면서 부모가 같이 노력하는 과정을 말하는 것이라고 생각한다.

최근 많은 부모들이 교육에 대한 관심이 높아져서 아이를 학원에 데려다 주고 데려오지만, 정작 아이들이 무엇을 어떻게 배우는지, 또 배운 내용을 어느 정도 이해하는지는 제대로 아는 경우가 드물다. 아이들을 학원에 보내는 것 자체가 문제라기보다는 아이의 상황이나 아이가 원하는 바를 배제한 상태에서 온전히 학원에만 의지하는 것이 더 문제인 것 같다.

어느 부모든 내 아이가 잘 자라서 안정적인 삶을 살기를 원한다. 나는 내 아이가 바르게 성장하려면 주변의 환경이 좋아야 한다고 생각한다. 그래서 혹시 좋지 않은 환경이 있다면 그것을 좋게 바꾸려고 노력한다. 어쩌면 나는 그 누구보다도 이기적이고 욕심 많은 엄마일지 모른다. 그렇지만 내 아이를 위해 적극적인 자세로 주위 환경을 아름답고 행복하게 만들어 주고 싶다.

첫째, 아이의 학교 친구들 가운데는 상당수가 강남과 목동권의 학원에서 사교육을 받고 있다. 학교들이 다 비슷하겠지만 상위권의 석차 다툼은 정말 만만치 않다. 아이가 시험 성적표를 가져올 때마다 '우리가 정말 잘하고 있는 걸까?' 하는 의문이 들었다. 그리고 이런 의문들 때문에 매 순간 고민하고 잠 못 이룬 것도 사실이다.

하지만 무엇보다 중요한 건 우리 아이들이 좋은 선생님과 좋은 친구들 속에서 살아가는 것이다. 물론 그 전에 내 아이들이 먼저 좋은 제자, 좋은 친구가 되어야 하겠지만 말이다. 해마다 그랬듯이 올해도 내 아이들이 먼저 좋은 제자, 좋은 친구가 될 수 있게 해달라고, 나아가 좋은 사람이 되어 좋은 선생님과 좋은 친구들을 만날 수 있게 해달라고 기도해야겠다.

또한 모든 가정에서 부모와 학교가 함께하는 교육을 펼친다면 우리 아이들이 더 행복하게 공부하면서 아름다운 학창 시절을 만들어 갈 수 있지 않을까 생각된다.

엄마의 불안은 아이의 영혼을 잠식한다

이른바 '아빠 엄마표 학습' 또는 '가정학습'을 하려면 부모에게 '뚝심'이 필요하다. 옆집 아줌마의 이야기에 흔들리는 팔랑귀 엄마들은 절대 할 수 없는 것이 바로 '가정학습'이다. 그러나 내 아이는 아빠 엄마가 가장 잘 파악하고 있으며, 진정한 교육은 아이들이 행복하게 살아갈 태도와 능력을 길러 주는 것이라는 사실을 잊지 말아야 한다. 이런 사실을 잠시라도 잊으면 옆집 아줌마의 이야기에 쉽게 흔들린다.

결국 선택은 아이 스스로 하게 한다 미나가 중학교 2학년 때 갑자기 성적이 떨어졌다. 처음으로 두 자릿수의 전교 등수를 받아 왔다. 예상하지 못한 성적이었기에 솔직히 충격을 받았다(다른 부모들이 들으면 이 또한 배부른 소리라 할지 모르지만 미나네 가족에게는 그랬다). 더욱이 국제고등학교 설립이 결정되고 그것을 뉴스로 확인한 다음부터 미나의 목표는 국제고 입학이었다. 국제고는 특히 내신 반영 비율이 높기 때문에 두 자리 전교 등수는 치명적이라 할 수 있다. 결국 미나가 성적표를 가져온 날 가족회의가 열렸다.

"미나가 시험 보느라 고생했는데, 성적이 생각만큼 나오지 않아 실망한 것 같네."

"네."

미나는 기운이 하나도 없었다.

"하지만 미나야, 넌 충분히 노력했고 누구보다도 열심히 했으니까 괜찮아. 이게 전부가 아니잖아. 우리에게는 아직 3학년 과정이 남아 있고 충분히 만회할 수 있을 거야. 너에게는 지금보다 앞으로가 더 중요하다는 사실 알지?"

"죄송해요. 앞으론 더 열심히 할게요."

"죄송하긴. 오히려 우린 네가 열심히 하겠다고 말해 줘서 더 고마운걸. 그럼 미나야, 아빠 엄마는 어떻게 도와줄까?"

"……."

"네가 원하면 학원을 알아봐 줄게. 과외가 더 좋다면 과외 선생님
도 알아봐 줄 수 있어. 그것도 싫으면 인터넷 강의를 들어도 좋고."

"……."

미나는 여전히 입을 꾹 다물고 아무 말도 하지 않았다.

"아빠 엄마는 미나가 하자는 대로 할 거야. 공부는 네가 하는 거니
까 선택도 네가 해야겠지?"

엄마는 언제나처럼 미나의 뜻에 따르겠다고 말했다.

"저는 그냥 지금까지 해왔던 대로 하고 싶어요. 지금 학원을 가면
더 큰 혼란이 올 거 같아요. 공부하다 정 힘들고 어려우면 제게 맞는
인터넷 강의를 찾아볼게요."

"그래, 좋아. 미나가 그렇게 결심했다면 아빠 엄마도 미나 뜻에
따를게. 자, 우리 다시 시작하는 거야. 꿈은 이루어진다는 말 알
지?"

미나네 가족회의는 이렇게 끝이 났다. 미나는 학원이나 과외의 도
움 없이 다시 한 번 공부해 보겠다고 결심했고, 아빠 엄마는 그런 미
나를 믿고 더 열심히 도와주겠다고 약속했다.

사실 국제고등학교에 입학하기 위해서는 내신을 탄탄히 다져 놓
아야 한다. 지금은 영어 과목의 내신만 반영되지만 미나가 입학 준
비를 할 때는 국어, 영어, 수학, 사회 등 주요 과목을 포함해 전 교과
목의 성적이 우수해야 입학을 할 수 있었다.

그렇다면 어떻게 공부해야 학교 성적을 잘 받을 수 있을까? 학교

내신 성적을 올리는 최고의 비책은 성실하게 공부하는 것이다. 평범한 얘기지만 학교에서 배운 것을 집에 와서 꼼꼼히 복습하고, 그 날 배운 것을 완전하게 자기 것으로 만든다면 분명 좋은 결과를 얻을 수 있을 것이다.

미나의 아빠 엄마는 미나의 공부 방법을 다시 점검하기로 했다. 그리고 미나가 공부할 때 불안한 마음이나 강박증을 갖지 않도록 시험에 관한 얘기는 일체 꺼내지 않았다. 오히려 미나가 스스로에 대한 믿음과 자신감을 회복할 수 있도록 격려와 용기를 북돋워 주었다.

믿음과 칭찬으로 크는 아이 미나가 처음으로 성적이 떨어졌을 때 제일 먼저 걱정했던 것은 아빠의 반응이었다. 그런데 성적표를 받은 아빠의 첫마디는 뜻밖에도 "수고했다"였다. 미나를 학원에 보냈거나 과외를 시켰어도 이렇게 말할 수 있었을까? 분명 시험 결과에 집착하며 아이를 비난하거나 원망했을 것이다. 그러나 미나의 아빠는 달랐다. 늘 미나와 함께 공부하며 그 과정을 다 지켜보았기 때문에 실망보다는 노력을 칭찬하고 격려할 수 있었다. 특히 아이들 공부에 적극적이고 무엇보다 미나에게 기대가 많았기에 아빠도 실망감이 컸겠지만, 오히려 결과에 초연해 하며 미나에게 용기라는 보약을 주었다. 덕분에 미나는 아빠에 대한 고마움과 미안함을 느껴 공부를 더 열심히 하게 되었고, 아빠 엄마가 자신을 이해하고 자신의 문제를 해결해 줄 수 있는 가장 든든한 후원자라는 사실을 깨달았다. 그리고 이런 믿음이 미나가 슬럼프를 이겨내는 데 가장 큰 힘이 되었다.

아이마다 다른 성격, 공부법도 다르다

미나와 다른 둘째 해미   미나는 부모님이 제시하는 방법을 잘 따라왔고 좋은 성과를 안겨 주었다. 그래서 세 살 터울의 둘째 해미에게도 똑같은 방법으로 접근했다. 미나 때의 경험이 있어서 그런지 진도는 조금 빨랐다. 하지만 해미는 언니와 성격이 달랐다. 먼저 두꺼운 책에 대한 거부감이 있었다. 그래서 책을 선택할 때도 두께까지 고려해야 했다.

그리고 해미는 집중력이 약해서 의자에 30분을 앉아 있지 못했다. 엄마가 피아노를 가르칠 때도 수업이 조금만 길어지면 끙끙 앓는 소리를 냈다. 엄마는 '피아노 칠 때도 이러니 학교에서는 어떻게 하고 있을까?' 내심 걱정스러웠다.

더욱이 첫째 미나는 하나를 알려 주면 여러 가지로 변형을 할 수 있었던 반면, 둘째 해미는 하나를 알려 주기 위해 여러 방법을 동원해야 하는 아이다. 그래서 해미에게는 미나와 달리 여러 번 가르쳐 주고 중간중간 확인하는 일을 빠뜨리지 않았다. 만일 이 과정을 제대로 이행하지 않으면 영락없이 큰 구멍이 나고 만다. 지금도 엄마는 피아노 학원에서 아이들을 가르치다 말고 집에 있는 해미에게 자주 전화를 한다.

게다가 둘째 해미에게서는 언니의 그늘이 느껴졌다. 뭐든 잘하는 언니, 뭘 해도 늘 언니보다 뒤처지는 동생. 그러다 보니 자신에 대한 표현력도 부족하고 아주 소심했다. 엄마는 그런 해미의 마음을 벌써부터 읽고 있었다. 그래서 해미에게는 작은 일에도 칭찬을 아끼지 않았고 표현도 지나칠 정도로 과장해서 한다. 혹시라도 야무지고 자신감 넘치는 언니 미나에게 치일까 싶어 너는 뭐든 잘할 수 있고 가능성이 많은 아이라고 세뇌까지 시킨다. 하지만 아빠 엄마의 머릿속에는 여전히 어떻게 해야 해미에게 자신감을 회복시켜 주고 큰 포부와 꿈을 갖게 할 수 있을까 고민이 가득했다. 무엇보다 해미에게 동기를 부여해 줄 수 있는 방법을 찾는 일이 중요했다. 그런데 아빠가 그 해답을 찾아 주었다.

어느 날이었다. 아빠가 퇴근하자마자 해미를 불렀다. 그리고는 수학 문제집을 꺼내며 말했다.

"해미야, 오늘부터는 수학 공부를 아빠와 함께해 보자."

해미는 아빠의 갑작스러운 제안에 살짝 놀라는 듯 보였다.

"네? 아빠랑 수학 공부를요?

"그래. 지금부터 1번 문제부터 30번 문제까지 푸는 거야. 시간은…… 음, 30분이면 할 수 있겠지?"

"네? 30문제를 30분 안에 다 풀라고요?"

"응, 힘들겠지만 그래도 한번 해보자. 30문제를 30분 안에 풀어야 하니까 최소한 1분에 한 문제씩은 풀어야겠네, 그치? 자, 틀리는 데 너무 신경 쓰지 말고 일단 해보자. 알았지?"

아빠는 해미의 어깨를 토닥이며 힘을 실어 주었지만 해미는 벌써 자신이 없어 보였다. 마지못해 고개를 끄덕이긴 했어도 얼굴 가득 근심이 드리워졌다. 어느덧 30분이 흘렀다. 해미는 여전히 끙끙거리며 문제를 풀고 있었다. 아빠는 해미에게 답안지를 건네주며 직접 채점하라고 했다. 어찌된 일인지 시험지 위로 굵은 장대비가 쏟아졌다. 해미의 얼굴은 벌겋게 달아올랐다.

"자, 해미야. 지금 이게 네 성적이다. 이 성적이 너의 현실이야."

충격이 컸는지 해미는 아무 말도 하지 못했다.

"……"

그러나 아빠는 해미의 등을 두드리며 차분한 목소리로 다독였다.

"너무 실망할 필요는 없어. 넌 아직 어리고 얼마든지 발전할 수 있으니까. 그리고 네가 잘할 수 있도록 아빠와 엄마가 도와줄 거야. 아빠는 자신 있는데, 넌 어때? 자신 있지?"

"네."

"좋았어! 그럼 앞으로 우리 잘해 보자. 자신 없는 일일수록 자꾸 부딪쳐야 이길 수 있는 거야. 오늘부터 계획을 세우고 계획대로 공부한 뒤에 아빠가 확인하는 것까지 도와줄게."

"확인이오? 어떻게요?"

"아빠한테 공부한 것을 설명해도 좋고, 문제를 풀어서 네가 확실하게 알고 있는지 점검하는 것도 좋고."

"아, 맞아요. 문제를 풀어 보면 제 실력이 얼마나 되는지 알 수 있을 것 같아요."

"그렇지! 매일 공부한 부분을 시험 보듯이 풀어 보고 채점도 네가 하는 거야. 그렇게 하다 보면 넌 분명 수학이라는 벽을 넘게 될 거야."

그날 이후 해미는 매일 공부 계획을 세우고 하루도 빠짐없이 계획대로 열심히 공부했다. 암기할 것들은 소리를 내서 달달달 외우고 공부가 끝난 다음에는 반드시 문제를 풀어 확인하는 습관을 길렀다. 그리고 잘 풀리지 않는 수학 문제들은 아빠와 엄마에게 도움을 청했다. 하지만 스스로 해결하려는 노력도 게을리하지 않았다.

이렇듯 아빠의 충격 요법이 해미에게 자극을 주었고, 중학교에 입학한 뒤에는 눈에 띄게 달라졌다. 스스로 공부 요령을 터득하고 공부를 통해 자신감을 되찾겠다는 의지가 보였다. 말을 물가에 끌고 갈 수는 있어도 억지로 물을 먹일 수는 없는 법! 해미는 어느새 스스로 공부에 대한 동기를 부여하고 있었다.

조금 더 일찍 시작하지 그래요? 막내 현진이도 누나들처럼 초등학교 2학년 때부터 영어 공부를 시작했다. 주변에서는 '좀 더 일찍 시작하면 좋을 텐데 왜 그렇게 하지 않냐?'는 질문을 하곤 한다. 하지만 어떤 공부든 아이에게는 저마다의 적당한 시기가 따로 있다. 현진이의 경우 너무 일찍 시작하면 일찍 지치고, 그러다 결국 포기하는 일이 생길지도 모르기 때문에 조급한 마음을 버리기로 했다. 실제로 셋째 현진이도 누나들과 같은 방법으로 시작했지만 남자아이라 그런지 산만해서 진도가 나가지 않았다. 이때 미나의 부모는 셋째 현진이는 누나들과 분명 다르고, 누나들을 키우던 방식대로 해서는 안 된다는 사실을 다시 한 번 깨달았다. 그래서 현진이의 성격이나 성향에 상관없이 욕심을 앞세우는 일이 없도록 현진이답게 키우자고 결심했다. 아이들을 위한 최상의 프로그램은 아빠 엄마가 가장 잘 만들 수 있는 법! 현진이만을 위한 학습법, 아빠 엄마는 아직도 그것을 찾는 중이다.

가정학습, 부모가 능력이 있어야 가능하다?

"엄마, 이 문제 잘 못 풀겠어요."

중학교 1학년 해미가 수학 문제를 풀다 말고 엄마에게 도움을 청했다. 그럴 때마다 엄마는 바로 달려와서 적극적으로 관심을 보인다.

"그래? 어떤 문젠지 보자!"

한참을 고민하던 엄마가 고개를 갸웃거리며 말했다.

"해미야, 미안! 이 문제는 엄마도 잘 모르겠거든. 우리, 아빠한테 물어보자!"

엄마와 해미는 결국 아빠에게 도움을 청하기로 했다.

"여보! 이것 좀 잠깐 봐 주세요. 해미가 이 문제를 잘 모르겠대요. 나도 집합은 다 잊어버려서……."

"어디 보자, 우리 해미가 모르는 문제가 뭘까?"

사실 아빠도 수학 공부를 놓은 지 오래되어 자신은 없었다. 하지만 해미가 문제를 풀다 막힐 때면 언제든 적극 나서서 함께 고민하려고 노력한다. 그런데 아빠와 엄마가 머리를 맞대고 풀이 방법을 의논하고 있을 때, 갑자기 해미가 소리를 지르며 뛰어나왔다.

"풀었어요! 제가 풀었어요. 히히히."

해미는 자신이 직접 풀어냈다는 사실에 굉장히 흥분했다.

"와! 우리 해미 대단한데? 어떻게 풀었는지 아빠한테도 설명해 줄래?"

아빠는 비록 문제를 해결해 주지는 못했지만 그것을 창피하게 생각하지 않는다. 아빠와 엄마는 배운 지가 오래돼서 분제를 바로 해결할 수 없는 게 당연하다는 사실을 해미도 잘 알고 있을 테니까. 그러나 어떤 문제든 해미와 함께 고민하고 공부한다는 사실을 알려 주는 게 무엇보다 중요하다고 생각한다. 부모가 그런 모습을 보여주면 아이도 끝까지 포기하지 않고 노력할 거라 확신하기 때문이다.

"이제 우리 해미가 아빠 엄마도 풀지 못하는 문제를 척척 풀어내네. 달인이냐, 달인! 하하하!"

아빠는 해미에게 칭찬을 아끼지 않았다. 해미도 은근히 어려운 문제를 스스로 풀었다는 자부심에 뿌듯해 했다. 어떤 일에 최선을 다했을 때 느끼는 기쁨은 다른 사람에게 칭찬을 들을 때 느끼는 기쁨과는 다르다. 뭐라고 표현할 수 없는 특별함이 있지만 그것은 스스로 느껴 보기 전에는 결코 알 수 없는 것이다.

이렇게 미나의 아빠 엄마는 미나와 해미가 스스로 공부할 수 있도록 늘 도와주는 협력자다. 나아가 공부의 가이드라인을 제시해 주는 사람 또는 함께 공부하는 동지다. 이건 감독관과는 다르다.

공부 수준이 높아지고 아이의 실력이 좋아지면서 부모가 해줄 수 있는 건 없다. 다만 부모의 역할은 '함께하는 것'이다. 아프리카 속

담에 "빨리 가려면 혼가 가고 멀리 가려면 함께 가라"는 말이 있다. 미나네 아빠 엄마는 멀리 보고 함께 가기 위해 노력한다.

흔히 공부 비법을 알고 싶어 하는 부모나 아이들이 많다. 그러나 공부 비법이라는 게 따로 있는 건 아닌 듯하다. 콩 심으면 콩 나고 팥 심으면 팥이 나는 법 아닌가. 그저 정직하고 우직하고 성실하게 공부하는 것은 물론, 스스로 모든 문제를 해결하겠다는 오기와 끈기를 기르는 것만이 공부를 잘하게 하는 비법이라고 할 수 있을 것이다.

아이마다 다른
영어 공부법

우리나라 교육 환경에서 영어 학원 한 번 다니지 않고 국제고등학교에 입학한다는 게 가능할까?

미나의 국제고등학교 합격을 두고 사람들이 한마디씩 던진다.

"어렸을 때 외국에서 살다왔겠지!"

"맞아. 그렇지 않다면 개인 과외라도 받았을 거야!"

미나는 지나친 사교육과 사교육비에 대한 걱정을 안고 살아가는 이 시대의 부모들을 솔깃하게 만든다.

현재 미나네 가계부에서 사교육비는 0원이다. 고등학교 1학년인 미나와 중학교 1학년인 해미, 초등학교 2학년인 현진이까지 삼남매에게 들어가는 학원비는 전혀 없다. 첫째 미나가 국제고등학교에 들어간 것이나 둘째 해미가 늘 상위권의 성적을 유지하는 것도 사교육에 의존해서 얻은 결과물이 아니다.

사실 미나의 아빠 엄마는 미나가 국제고등학교를 준비할 때 학원에 보낼까 말까를 놓고 고민해 본 적은 있다. 사교육의 도움을 받으면 훨씬 수월하게 공부할 수 있고 합격도 보장받을 수 있을지 모르는데, 부모가 너무 고집을 부리는 건 아닌가 하는 걱정을 했었다. 그러나 미나가 빡빡한 학원 스케줄을 따라가느라 허덕거리는 것도 안쓰러울 것 같고, 무엇보다 "누구누구는 이렇게 저렇게 공부해서 합격했다더라"라는 '~카더라 식'의 교육에 휩쓸릴 것 같아 금방 포기해 버렸다. 대신 아빠 엄마가 학습 매니저가 되기로 결심했다. 그리고 그날부터 세 아이는 아빠 엄마표 과외, 아니 아빠 엄마와 함께 공부하기 시작했다.

미나의 영어로 이야기하기

미나가 다니는 국제고등학교는 전교생이 기숙사 생활을 한다. 미나도 일주일 가운데 5일은 학교 기숙사에서 생활하고 주말에 집으로 돌아온다.

미나가 집으로 돌아오는 금요일 저녁, 오랜만에 다섯 식구가 모여 앉아 이야기꽃을 피웠다. 미나는 가족들에게 일주일에 한 번씩 학교생활에 관한 이야기를 들려준다. 대신 이 시간에 사용할 수 있는 언어는 영어뿐이다.

"I lost all track of time as I was having too much fun(너무 재미있어서 시간 가는 줄 몰랐어요)."

미나는 아는 단어들을 최대한 동원해서 열심히 이야기를 이어 갔다. 영어로 말할 때는 너무 긴 문장을 복잡하게 연결하는 것보다 간단하게 말하는 것이 더 효과적이므로 일주일 동안 있었던 일들을 머릿속에 떠올리며 한 가지씩 끊어서 이야기한다. 비록 지금은 영어 말하기가 완벽하지 않지만 간단하게 말하는 것이 익숙하고 능숙해지면 자신감이 생겨 언젠간 유창한 영어 실력을 뽐낼 수 있을 거라 확신했다.

미나가 가족들과 영어로 말하기 시작한 것은 중학교 때부터였다. 영어 학원을 다니지 않아 말하기가 부족하다고 생각했던 아빠가 어느 날 미나에게 제안을 했다.

"미나야, 오늘부터 아빠 엄마와 영어로 얘기하자. 대신 아빠랑 엄마는 영어를 못하니까 미나만 영어로 말하는 거야."

"네? 저만 영어로 말하라구요?"

"으응."

"그렇지만……, 저도 영어를 아직 잘 못해서……."

"아빠도 미나가 영어 말하기가 잘 안 된다는 거 알아. 또 지금은 네가 잘할 거라고 기대하지 않고. 하지만 미나야, 못하기 때문에 안 하거나 그것을 부끄럽게 생각한다면 발전이 없지 않을까?"

"……."

가족들이 둘러앉아 영어로 이야기하는 모습

"한국에 사는 외국인들이 한국말을 하다가 틀리면 당연하게 생각하지? 우리도 마찬가지야. 그러니까 부끄러워하지 말고 자꾸 얘기하다 보면 점점 나아질 거야."

"네, 대신 제가 못해도 웃거나 놀리지 마세요."

"그럼. 우리는 네가 잘하는지 못하는지도 모르는걸. 하하하."

아빠는 미나가 영어로 말할 기회가 없다는 걸 늘 아쉬워했다. 그래서 이렇게라도 미나의 말하기 공백을 채워 주고 싶었다. 특히 미나는 당돌하게 느껴질 만큼 똑 부러지는 성격에 무엇이든 적극적이어서 아빠의 제안을 받아 줄 거라는 확신도 있었다. 그리고 예상대로 미나는 별 고민 없이 도전을 선택했다.

그러나 미나도 처음에는 아빠와 엄마 앞에서 영어로 말한다는 게 창피했는지 좀처럼 입을 열지 못했다. 그래서 머뭇거리거나 웃음으로 때우곤 했다. 그러나 시간이 갈수록 짧은 영어가 조금씩 길어졌고, 간단한 표현들에 살이 붙기 시작했다.

아빠 엄마도 미나와 대화하는 시간이 많아질수록 귀가 열리는 것 같은 기분이 들었다. 아는 단어가 늘어나더니 어느새 전체적인 흐름이 파악되었다.

"참, 신기하다. 옛날에는 미나가 말하면 중간이나 처음에 들었던 단어 하나만 머릿속에서 뱅뱅 맴돌아 다음 말이 들리지 않았거든. 근데 지금은 대충 알아듣겠어. 호호호."

엄마는 미나 덕분에 영어 실력이 늘었다며 고마워한다. 그러나 정말 고마운 쪽은 미나였다.

"어? 그럼 이제 제가 틀리는 것도 다 아시겠네요. 아, 영어 공부 더 열심히 해야겠다. 이러다 엄마가 나보다 영어 실력이 더 좋아지겠는걸? 히히히."

솔직히 미나는 영어에 자신이 없었다. 집에서 아빠 엄마를 상대로 말하는 것은 어렵지 않았지만 학교는 달랐다. 여기가 미국인지 영국인지 헷갈릴 정도로 영어를 유창하게 말하는 아이들이 얼마나 많은지 저절로 주눅이 들었다. 고급 단어들을 거침없이 사용하는 친구들을 보면 선천적으로 감을 타고난 것 같아 너무 부러웠다. 그러나 아빠의 제안으로 시작한 영어 말하기가 어느새 자신감을 키워 주었고, 손짓 발짓은 기본이고 온몸을 섞어 가며 적극적으로 부딪치다 보니 훨씬 발전한 것을 느낄 수 있었다. 실수하거나 틀리는 것이 두려워 시도조차 안 했다면 아마 이런 발전은 꿈도 꾸지 못했을 것이다. 이 모든 것이 아빠 엄마가 도와준 덕분이었다.

이제 미나는 영어로 말하는 것에 대한 거부감은 전혀 없다. 물론 다른 친구들에 비해 표현이 세련되거나 뛰어나지는 않을 것이다. 그러나 이제 외국인 앞에서 또는 다른 사람 앞에서 영어로 말하는 것을 두려워하지 않는다. 대신 자신의 생각을 좀 더 개성 있고 분명하게 전달하는 능력을 키우기 위해 노력하는 중이다.

부모님 또한 미나의 말을 완벽하게 이해하지는 못해도 단어나 상황 등으로 전체적인 내용을 이해하는 데는 크게 어려움을 느끼지 않는다. 물론 가끔 미나의 말이 전혀 들리지 않을 때도 있는데, 그럴 때는 미나에게 솔직하게 말한다.

"미나야, 미안한데 지금 말한 부분은 잘 모르겠어요. 이해가 안 가."

배움에 있어 부모의 권위를 내세우기보다는 하나를 배우더라도 정확하게 알고 가겠다는 자세가 아이들에게 훨씬 좋은 본보기가 되지 않을까? 미나의 아빠 엄마는 이런 생각으로 모르는 부분이 있을 때마다 부끄러워하지 않고 꼭 묻고 확인하곤 한다.

이렇게 미나가 영어 말하기를 한 뒤부터 가족의 대화 시간은 흡사 개그콘서트를 보는 것처럼 웃기고 재미있다. 서로 잘못 이해한 것들을 이야기하면서 한바탕 웃다 보면 시간 가는 줄 모를 때도 많다. 어쩌면 이런 분위기 덕분에 미나는 공부를 의무와 두려움으로 받아들이지 않을지도 모른다.

해미의 영어책 모조리 암기하기

중학교 1학년인 해미는 매일 학습량을 정해서 스스로 공부한다. 해미의 특징은 소리 내서 공부하기다. 입으로 중얼중얼 말하며 공부하는 것이 마치 한 편의 역할극 놀이를 하는 것 같다.

"자, 여러분! I love the ugly girl. She is rich. 이 두 문장을 해석해 보세요."

"저요, 저요!"

"해미 학생, 말해 보세요."

"나는 못생긴 여자를 사랑한다. 그녀는 부자다."

"맞았어요. 그럼 이 문장을 관계대명사를 사용해서 고치면 어떻게 될까요?"

"I love the ugly girl who is rich!"

"맞았어요. 아주 잘했어요."

해미는 선생님이 됐다 학생이 됐다 1인 2역 또는 3역을 하면서 공부한다. 스스로에게 공부한 내용을 설명하기도 하고 머리로 이해한 내용을 다시 말로 표현해 보기도 한다. 해미가 이렇게 공부하는 이유는 먼저 공부한 내용을 자신이 제대로 이해했는지 확인할 수 있어서 좋고, 소리 내어 공부하면 졸음도 쫓을 수 있을 뿐 아니라 저절로 암기까지 할 수 있기 때문이다. 그래서 해미가 공부할 때는 언니 미나가 늘 다른 방으로 쫓겨나기 일쑤다.

해미는 미리 공부 계획을 세워 놓고 학교에서 돌아오면 그날의 학습량을 반드시 소화한다. 그리고 아빠 엄마가 퇴근해서 돌아오면 그날그날 공부한 내용을 확인한다.

"오늘 확인하기로 한 게 뭐지? 아, 관계대명사네. 자, 그럼 해미가 외운 거 아빠한테 얘기해 보자."

"네, 관계대명사는 주격, 목적격, 소유격 등이 있어요. 주격 관계대명사는 주어 역할을 하는 관계대명사예요. 그래서 '제인 이즈 어 스튜던트. 쉬 라익스 플레이 테니스(Jane is a student. She likes play tennis.)'라는 두 문장을 관계대명사를 이용해 '제인 이즈 어 스튜던트 후 라익스 플레이 테니스(Jane is a student who likes play tennis.)'라고 바꿀 수 있어요."

"오, 잘했어. 우리 해미 제법인데!"

해미는 얌전하고 꼼꼼한 성격 때문인지 내용과 예문은 물론이고 책 뒤에 있는 팁까지 하나도 빠뜨리지 않고 모조리 외워 둔다. 사소한 부분까지 모두 외운 다음에야 연습 문제를 푸는 것이 해미의 공부 습관이다.

"자, 지금부터 아빠가 20분 정도 시간을 줄 테니까 여기랑 여기 안 푼 문제들 있지? 시험 본다고 생각하고 다 풀어 보자. 궁금하더라도 답지는 보지 말고 끝까지 최선을 다하는 거 알지? 그럼, 아빠가 20분 뒤에 올게."

해미는 이렇게 매일 문제를 푸는 것으로 하루의 공부를 마무리 짓는다. 문제를 푸는 것은 스스로 공부한 내용을 확실하게 내 것으로 만드는 과정이며 효과적으로 기억할 수 있는 방법이기도 하다. 따라서 문제를 푼 뒤에 몇 개 맞고 몇 개를 틀렸는지는 따지지 않는다. 대신 틀린 부분은 교과서를 다시 찾아 개념을 정리하고 복습한다. 이렇게 해미는 여러 번 반복해서라도 그날그날 공부한 내용을 자신의 것으로 만들려고 노력한다. 만일 오늘 제대로 이해하지 못했다면 다음 날 다시 도전해서라도 꼭 마무리 짓는 게 해미의 공부 방법이다.

해미가 공부한 내용을 확인하는 일은 주로 아빠가 도와준다. 그러나 어쩌다 아빠가 회사 일로 바쁘거나 늦을 때는 엄마가 대신해 주기도 하는데, 어차피 해미가 공부한 것을 확인하는 작업이므로 누가 하든 크게 상관은 없다. 하지만 해미가 그날 해야 할 공부는 그날 모두 해결할 수 있도록 학습량은 아빠 엄마가 조절해 준다.

현진이의 하루 한 문장 영어 성경 외우기

매일 오후 12시가 되면 엄마는 셋째 현진이가 다니는 학교로 향한다. 초등학교 2학년인 현진이를 혼자 집에 두는 게 불안하고 안쓰러워 학교가 끝나면 엄마가 운영하는 피아노 학원으로 데리고 간다. 학교에서 피아노 학원까지는 30분 정도가 걸리므로 현진이와 엄마는 매일 30분씩 버스 데이트를 즐긴다.

현진이는 요즘 건물 간판에 적혀 있는 영어 단어에 부쩍 관심이 많아졌다.

"엄마, 저기 보세요. 롯데 월드라는 건 롯데 세계라는 거죠?"

"와! 우리 현진이가 이제 제법인데? 그럼, 저건 무슨 뜻일까?

"아, 나이트 가든? 나이트가 밤이고 가든은 정원이니까, 밤 정원이겠네?"

"딩동댕! 맞았어. 현진이 영어가 많이 늘었네. 호호호."

현진이가 영어 공부를 시작한 것은 초등학교 2학년 때부터다. 현진이는 누나들처럼 매일 영어로 번역된 성경을 한 문장씩 외운다. 아직 알파벳을 모르기 때문에 엄마가 영어 문장을 소리 나는 대로 한글로 옮겨 적어 주고 의미까지 알려 주면 현진이가 그것을 그대로 달달달 소리 내어 외우는 것이다.

"갓 메이드 어 원더풀 월드 이즈 식스 데이즈(God made a wonderful world is six days)!"

"갓 메이드 어 원더풀……. 음, 원더풀 다음에 뭐였더라?"

"월드 이즈 식스 데이즈."

"맞다! 다시 해볼게요. 갓 메이드 어 원더풀 월드 이즈 식스 데이즈! 맞죠?"

"그래, 잘했어. 무슨 뜻인지도 기억해야 돼."

"네. 근데 엄마, 영어 너무 어려워요."

현진이는 곧잘 따라 하다가도 한 번씩 영어를 어려워하곤 한다.

영어 발음을 소리 나는 대로 한글로 적어 준 성경책

막내라 그런지 누나들에 비해 꾀도 많고 투정 부리는 횟수도 잦지만 엄마는 절대 나무라지 않는다. 오히려 현진이에게 '너도 잘할 수 있다'는 자신감을 심어 주었다. 그리고 더 자주 칭찬하고 격려하려고 노력했다. 칭찬은 불가능의 벽도 깨뜨리는 놀라운 힘이 있다는데, 엄마는 현진이에게 그런 힘을 실어 주고 싶었다.

"그럼, 다른 나라 말인데 당연히 어렵지. 하지만 매일매일 꾸준히 하면 현진이도 누나들처럼 잘하게 될 거야. 누나들도 현진이처럼 초등학교 2학년 때 영어 공부 시작했거든. 그때도 영어 성경책을 외웠는데, 어때? 지금은 누나 둘 다 영어 잘하지? 그러니까 현진이도 엄마랑 같이 열심히 하면 누나들처럼 될 수 있어."

"진짜?"

"그럼. 엄마가 볼 땐 누나들보다 현진이가 더 잘할 거 같은데!"

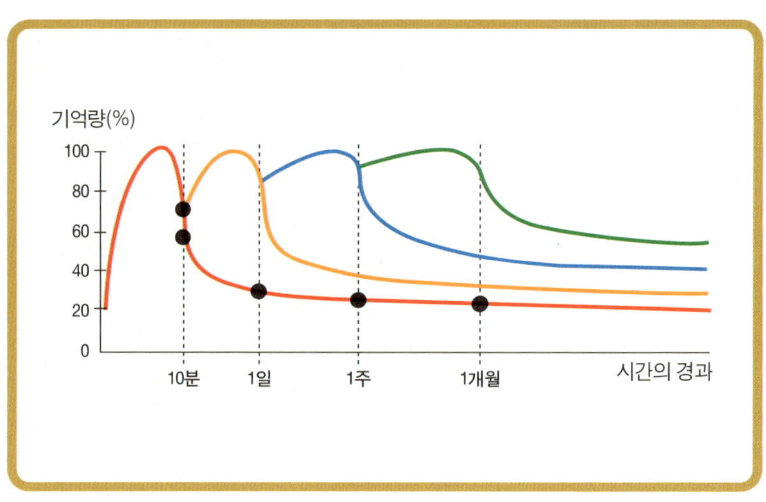

에빙하우스의 망각 곡선

"야호! 알았어요. 나도 열심히 해야지!"

현진이는 엄마의 말에 신이 났는지 갑자기 영어 단어를 중얼거리며 외우기 시작했다.

"썬은 태양, 월드는 세상!"

사실 현진이 또래들이 영어 공부를 시작할 때는 흥미를 잃지 않도록 하는 것이 제일 중요하다. 또 외국어에 대해 낯선 느낌을 갖지 않도록 재미있게, 놀이처럼 학습하는 것이 좋다. 간혹 첫술에 배부르고 싶어 하는 부모들이 욕심을 내거나 수준에 맞지 않는 학습을 시키기도 하는데, 그럴 경우 아이들이 영어에 흥미를 잃을 뿐 아니라 거부감을 갖게 되므로 신중하게 생각하고 마음의 여유를 가져야 한다. 무엇이든 첫인상이 좋아야 호감을 갖는다는 사실을 기억하자.

그리고 영어 공부에는 꾸준함과 성실함이 중요하다. 특히 영어는 꾸준함을 통해 학습되므로 하루에 한 문장이라도 쉬지 않고 공부해야 실력이 늘어난다.

현진이는 엄마와 함께 매일 영어로 쓰여진 성경 구절을 외운 뒤에 저녁때는 가족들 앞에서 확인하는 일을 거르지 않는다. 영어는 문자보다는 소리로 반복 학습하는 것이 효과적이므로 그날 배운 것은 물론이고 처음 배운 내용부터 매일 반복해서 외우게 한다. 그렇게 하다 보면 1년에 365문장이 아니라 어느새 500문장을 외울 수 있다.

때때로 그런 공부 방법에 의심을 갖는 사람들도 있다. 그러나 하루도 빠짐없이 한 문장씩을 외운다면 1년 뒤에는 무려 365문장을 외우게 된다. 물론 우리들의 기억 창고에 그동안 외웠던 것들이 모두 저장되는 것은 아니다. 하지만 기억과 망각을 반복하더라도 특별한 사교육을 받지 않고 1년 동안 최소 365문장만 기억해도 훌륭하지 않은가. 뿐만 아니라 그런 과정이 습관이 되어 해마다 차곡차곡 쌓이면 실력이 엄청나게 향상될 것이고, 어느 순간 영어의 달인이 되어 있는 자신을 발견하게 될지도 모르는 일이다.

하지만 모든 아이들에게 맹목적인 영어 문장 암기가 다 통하는 것은 아니다. 미나와 해미에게 효과가 있었다고 현진이에게도 좋은 방법일 수는 없다. 아이마다 개성과 특성이 뚜렷해 모든 공부법이 기성복을 입듯 딱딱 맞아떨어지는 것은 아니다.

그러나 크게 문제 될 것도 없다. 혹시라도 두 아이에게 했던 방법이 잘 맞지 않는다면 현진이에게 맞는 다른 공부 방법을 찾아 주면 될 일이다. 아빠 엄마는 두 딸에게 기울였던 노력을 막내 현진이에게도 아낌없이 쏟아부을 준비가 되어 있다. 그리고 현진이의 미래를 위해 아빠 엄마가 함께 고민하고 노력하는 모습을 충분히 보여 주려 한다. 어쩌면 그것이 금전적인 투자보다 훨씬 값질 수도 있으니까.

미나,
마침내 국제고에 도전하다!

미나는 중학교 3년 동안 국제고등학교 진학을 목표로 공부했다. 국제적인 감각과 능력을 키워 주는 것은 물론 지성, 인성, 창의성을 고루 갖춘 글로벌 리더를 양성한다는 국제고등학교의 교육 이념이 외교관이 되고 싶은 미나의 꿈과 딱 맞아떨어져 일찍부터 결심하고 차근차근 준비했다. 그러나 국제고는 다른 특목고에 비해 선발 인원수가 적어(150명) 조금만 방심해도 떨어질 확률이 매우 높았다.

특히 미나네 가족이 가장 걱정했던 부분은 심층 면접이었다. 미나 엄마는 심층 면접을 준비해 본 경험도 없는데다 주변에서 학원을 권유하는 바람에 학원을 보낼 것인가를 두고 심각하게 고민했다. 국제고등학교의 실질적인 당락이 심층 면접에서 갈린다고 하는데, 만

국제고등학교 전경

일 부모의 신념이나 고집 때문에 미나가 국제고에 불합격하면 어쩌나 하는 걱정에 잠을 이루지 못할 정도였다. 하지만 미나 아빠는 학원을 보내는 대신 가족이 함께 해결하자고 제안했다. 그리고 여러 방법을 직접 찾고 연구했다. 내신의 고비를 넘기고 맞는 최고의 난관 심층 면접을 미나와 아빠는 이렇게 준비했다.

1단계 _영어 개인 면접 준비

국제고등학교는 국제화 시대에 걸맞은 글로벌 인재를 양성하기 위해 설립했기 때문에 무엇보다 영어 면접이 중요할 거라고 생각했다.

그러나 영어 면접이라고 해도 질문하는 것은 우리말 면접과 크게 다르지 않을 것 같아 예상 질문을 많이 뽑으려고 노력했다.

먼저 인터넷을 이용해서 질문을 뽑았다. 또 친구나 직장 동료 등에게도 "당신이 면접관이라면 무엇을 물어볼 것인가?"라고 물었다. 그리고 그들의 대답을 모두 모아 정리했더니 가장 많은 질문은 "취미가 뭔가요?"였고, 그 다음으로는 좋아하는 음식과 좋아하는 사람, 좋아하는 나라, 좋아하는 과목 등이 순위에 올랐다. 이렇게 기회가 있을 때마다 주변 사람들에게 묻고 정리했더니 질문거리가 40여 개나 되었다.

질문을 정리한 뒤에는 미나에게 30초~1분 정도로 대답할 수 있는 문장을 만들게 했다. 그런 다음 그 문장들의 공통점을 찾아 다시 3~5분 정도 분량의 답안을 만들었다. 예를 들어 "좋아하는 나라는?", "여행을 한다면?", "기억에 남는 나라는?", "가고 싶은 나라는?" 등은 묻는 형식이 다를 뿐 대답은 한 가지로 통일할 수 있었다. 따라서 '나라'에 대한 질문이 나왔을 때 어떤 대답을 해야 할지를 미리 정하고 문장으로 만들어 두었다.

어머니는 음악 이야기만 나오면 항상 오스트리아에 다녀온 이야기를 하신다. 오랜 시간이 지났지만 지금도 생생하게 그 나라를 기억하신다. 오스트리아는 16~20세기까지 음악의 중심지였으며, 모차르트와 베토벤 등 유명한 음악가들의 유적지가 많기 때문에 음악에 남다른 관심이 있는 어머니에게는 그 나라 여행이 아주 인상적이었던 것 같다. 나도 음악을 매우 좋아한다. 그렇기 때문에 기회가 된다면 오스트리아를 여행하며 유명한 음악가들의 향기를 느끼고 싶다.

이렇게 문장을 만든 다음 면접관이 "좋아하는 나라는?"이라는 질문을 던지면 자동으로 "어머니는~"이라는 말을 하기로 한 것이다. 마찬가지로 면접관이 "여행을 한다면?"이라고 물으면 역시 "어머니는~"이라고 말하고, "가고 싶은 나라는?"이라고 물어도 "어머니는~"이라고 대답하기로 약속했다. 이렇게 하나의 문장으로도 다양한 질문에 대한 자연스러운 대답이 되도록 했고, "취미는?"·"좋아하는 일은?"·"하고 싶은 일은 무엇인가?"라는 질문에도 같은 형식으로 하나의 답을 정리해 두었다. 이런 유형으로 질문과 답을 여러 개 만들어 연습했는데, 미나네 가족들은 그것을 어떤 질문도 해결할 수 있는 만능열쇠, 아니 만능 답안이라고 얘기한다.

2단계 _ 영어 토론 준비

영어 토론에 대한 대비는 영어 개인 면접을 위해 만든 내용에 살을 붙여 모범 답안을 준비했다. 예를 들어 미나가 토론 면접에서 먼저 말을 하게 될 경우에는 이렇게 하기로 했다.

어떤 문제에 대해서든 다양한 입장에서 설명할 수 있을 것입니다.

나는 이 문제에 대해 몇 가지 입장이 필요하다고 생각합니다.

첫 번째는 AAAA

두 번째는 BBBB

결론적으로는 CCCC라고 생각합니다.

그리고 다른 사람이 먼저 시작할 때는 상대의 이야기에 반대할 수 있는 단어를 세 개 정도 찾아낸 다음 이런 식으로 말하기로 약속했다.

당신의 의견에 대해 어느 정도는 동의합니다. 하지만 문제를 한 쪽의 시각으로만 볼 수는 없을 것입니다. 그렇기 때문에 저는 다음과 같이 다르게 생각합니다.

첫 번째는 AAAA

두 번째는 BBBB

결론적으로 CCCC라고 생각합니다.

이렇게 모든 문장을 항상 공통적으로 사용하고 A, B, C만 찾아내는 방법으로 집단 토론을 준비했다. 기본 표현에다 주제에 맞는 내용만 집어넣으면 되기 때문에 영어로 말하는 것에 대해서는 부담이 없었다. 영어 토론 역시 만능 답안을 만들어 계속 연습을 시켰다.

3단계 _한국어 토론 준비

한국어 토론 또한 영어 토론 준비 때와 마찬가지로 인터넷을 이용해 최근 2년 동안 사회적으로 이슈가 되었던 사건들을 뽑았다. 그 뒤 친구와 직장 동료들에게 '최근 가장 큰 관심사는 무엇이며 논쟁거리는 어떤 것들이 있는지' 묻고 목록을 만들었다.

미나가 국제고 입시를 준비할 당시에는 '신종플루'가 가장 큰 관심거리였다. 다음으로는 '존엄사'에 관심을 보였고, 이어서 아이돌 그룹 2PM의 멤버 가운데 박재범에 관련된 '재범 사태' 등을 이야기했다.

그 밖에 다양한 주제를 30개 정도 정리해서 영어 면접 때와 마찬가지로 각 주제마다 자신의 의견을 3~5가지 정도 얘기할 수 있도록 준비시켰다. 그리고 식사 때나 저녁 시간에 주제별로 집중 토론을 진행했다. 아빠는 미나가 준비한 내용들을 미리 살펴본 뒤 미나가

신종플루와 박재범 사태 등이 실린 인터넷과 신문 기사

아빠와 미나가 마주 앉아 열심히 면접 준비를 하는 모습

난처해질 정도로 공격적이고 날카로운 질문을 쏟아냈다. 때로는 조금 억지스럽지만 미나와 반대되는 의견을 내놓으면서 토론을 진행했다.

또한 토론이 끝난 뒤에는 미나가 자신의 의견과 반대되는 입장을 얘기할 수 있도록 준비시켰다. 이처럼 디베이트 방식의 토론에 익숙하지 않으므로 반대 팀의 의견을 반박하고 자신의 의견은 더 강하게 주장할 수 있도록 훈련시켰다. 이런 연습이 거듭되면 미나가 시험 날 어떤 토론에도 당황하지 않고 찬성과 반대 입장을 분명하게 얘기할 수 있을 거라고 확신했다.

최종 시험 보는 날

최종 시험은 아침 8시 30분에 시작되어 오후 4시 30분까지, 모두 5단계로 나누어 진행되었다. 아빠와 미나는 많은 이야기를 나누며 준비해 왔지만 막상 시험 날이 되자 긴장이 되었다. 아빠 엄마는 잠시 주위의 권유대로 '심층 면접만이라도 학원을 보낼 걸 그랬나?' 하는 후회를 하기도 했다.

오후 4시! 시험을 먼저 마친 아이들이 하나둘 학부모 대기실을 찾아왔다. 하루 종일 노심초사 떨리는 마음으로 기다렸던 부모들이 아이들을 반갑게 맞이하며 어떤 문제가 나왔는지 물어보았다. 오 마이 갓! 아이들의 이야기를 들으니 그동안 아빠와 미나가 준비한 내용들이 많이 출제된 것 같았다. 왠지 미나에게 행운이 따라 준 듯했다.

드디어 오후 4시 20분! 미나가 나왔다. 미나는 아빠 엄마를 보자마자 밝은 얼굴로 이렇게 말했다.

"아빠! 혹시 내일 합격자 명단에 제 이름이 없더라도 절대 후회하지 않을 거예요. 전 최선을 다했고, 제가 준비한 내용들이 많이 출제되어 자신 있게 대답했어요. 그래서 조금도 후회 없어요."

의외였다. 노력과 준비를 많이 한 만큼 결과에 집착할 거라고 생각했는데, 오히려 아빠 엄마보다 더 의젓하게 말하는 게 아닌가. 아빠 엄마는 미나가 너무 고마워 살짝 눈물을 훔쳤다. 그리고 그동안 성실하게 노력해 준 미나에게 이렇게 얘기해 주었다.

"사랑한다. 수고했다, 우리 예쁜 딸!"

자기소개서 및 학업계획서

*입학 전형 이외의 목적으로는 사용되지 않는 서류이므로 정직하고 정확하게 작성해 주시기 바랍니다.

■ 지원자 기재 사항

지원자 성명	유미나		주민등록번호	950210-OOOOOOO
시도/출신 중학교	서울특별시 봉원중학교		휴대폰 전화번호	010 - 8812 - OOOO
지원 부문	특별 전형	학교장 추천 ☑ 특례 입학 ☐ 사회적 배려 ☐		
	일반 전형 (국가유공자 자녀 포함)	유 ☑ 무 ☐		

아래에 기재된 내용은 본인에 의해 정확하게 작성되었음을 확인하며,
만일 사실과 다른 경우에는 어떠한 불이익도 감수할 것을 서약합니다.

2009년 12월 3일

지원자 유미나 (인·서명)

■ 국제고등학교의 설립 취지에 비추어 볼 때, 자신이 서울국제고등학교에 적합하다고 생각하는 이유가 무엇인지 적어 주십시오.

국제고가 설립될 때 학교의 설립 취지가 나와 부모님이 생각해 온 공부 방법과 미래에 대한 부분이 많이 일치함을 보고 관심을 갖게 되었다. 초등학교 때부터 부모님과 같이 영어와 수학을 공부했고, 피아노 선생님인 엄마는 특히 독서와 피아노가 나의 공부와 삶에 많은 도움을 줄 것이라고 늘 말씀하셨다. 책을 통해 새로운 세계와 만나면서 간접 경험을 넓히고, 피아노를 통해 정서적인 안정과 두뇌 개발에 도움을 얻게 된다는 것이다. 실제로 난 예능 학원을 제외한 일반 학원 교육은 받아 본 적이 없다. 많은 책읽기를 통해 혼자서 공부하는 데 익숙한 나에게 학원은 오히려 시간적인 효율을 떨어뜨릴 것으로 판단되었기 때문이다. 학원에 의지하지 않고도 학교 진도뿐 아니라 선행학습을 할 수 있었기 때문에 큰 어려움은 없었고, 최종 내신 성적

전교 2등으로 학교장 추천을 받아 목적했던 국제고에 지원하게 되었다. 서울국제고는 기숙사 생활을 한다. 학교 교육을 충실히 따라가면서 스스로 공부해 온 나와 꼭 맞는 학교라고 확신한다.

■ 중학교 재학 시절 참여한 교내외 활동 중 대표적인 활동을 2개 선택하고, 이런 활동이 자신에게 어떤 의미가 있었는지 간략하게 적어 주십시오.

활동명/활동 기간	활동 내용 및 의미
교회 밴드 활동 2007년 7월 ~ 2009년 6월	우리 가족은 음악 가족이다. 아빠는 나눔이라는 모임에서 기타를, 엄마는 신디를 치신다. 이런 영향으로 나도 어렸을 때부터 음악을 좋아했고, 초등학교 때는 율동팀으로, 중학교 때는 밴드 씨엘의 피아노와 보컬을 담당했다. 1주일 동안 공부로 지친 몸과 마음이 함께 연주를 할 때면 다시금 힘을 얻었다. 공부할 시간을 쪼개어 연습하느라 부담스럽기도 했지만, 음악은 항상 나를 재충전하게 한다.
공부방 보조교사 2008년 2월 ~ 2009년 6월	시작은 불순했다. 처음에는 그저 봉사 시간을 채우기 위해 보조교사를 했던 것이다. 이미 알고 있는 내용인데도 설명을 하려면 말이 안 나와서 힘들기도 했지만, 하루하루 아이들을 가르치면서 보람을 느꼈다. 비록 나와 몇 살 차이 나지 않는 초등학생들이지만 학생들의 성적이 올라가는 것을 지켜보면서 괜히 내가 더 뿌듯했다. 시간이 부족해서 그만두었지만, 꼭 다시 해보고 싶은 활동이다.

■ 본인이 읽었던 책 가운데 가장 인상 깊었던 책 2권을 선택하고, 그 책을 선택한 이유와 느낀 점에 대해 적어 주십시오.

도서명/저자/출판사	선택 이유 및 느낀 점
《가난하다고 꿈조차 가난할 수는 없다》 김현근/사회평론	나는 성공에 대한 관심이 많았다. 그래서 성공에 대해 쓴 책을 좋아했다. 홍정욱 씨의 《7막 7장》이나 박원희 양의 《공부 9단 오기 10단》같은 책을 읽었고, 내 미래의 모습을 꿈꾸곤 했다. 그중에서 이 책이 가장 기억에 남는 책이었다. 이 책의 저자는 가난한 환경에서도 공부의 끈을 놓지 않고 열심히 노력해 현재 세계 명문 프린스턴대학교의 학생이 되어 있다. 그리고 자신의 꿈을 향해 지금도 달려가고 있다. 어려운 환경에서도 최선을 다해 자신의 꿈을 성취하는데, 더 좋은 환경을 가진 나는 최선을 다하지 않고 있다는 생각이 들어 나를 담금질하게 하는 계기가 되었다.
《바보처럼 공부하고 천재처럼 꿈꿔라》 신웅진/명진출판사	어쩌면 책 선정이 평범하다고 생각할지도 모른다. 하지만 이 책은 정말 나에게 큰 전환점이 되었다. 어렸을 때부터 나는 세계를 누비는 외교관이 되고 싶었다. 하지만 외교관이라는 직업에 대해 자세히 알지도 못했고, 항상 멀리 있는 것만 같았다. 그러다 반기문 님이 UN 사무총장이 되신 뒤에 출간된 이 책을 보게 되었다. 이 책을 읽고 나서야 외교관이라는 꿈이 현실적으로 다가왔다. 이 책은 총장님의 어린 시절부터 UN 사무총장이 될 때까지의 이야기를 다루고 있다. 굉장히 친근하고 현실적인 모습들이었기에 나로 하여금 여성 UN 사무총장의 꿈까지도 꾸게 했다.

■ **서울국제고등학교에 입학한 이후의 학업 계획에 대해 적어 주십시오.**

서울국제고등학교는 국어와 국사, 제2외국어를 뺀 나머지 과목들은 전부 영어로 수업한다. 국제고를 지원한 큰 이유 중 하나인데, 이러한 영어 수업은 내 영어 실력을 더욱 향상시켜 줄 것이고 결국 내 꿈을 이룰 수 있는 밑거름이 될 것이다. 그리고 현재 국제고에 다니는 선배에게 물어보니 2, 3학년 때 국제법이나 국제 경제 등 차별화된 국제 관련 과목들을 추가로 배운다고 했다. 이러한 국제고만의 특별한 수업을 듣고 외교관이 되기 위해 필요한 여러 지식을 쌓을 것이다. 방과 후 활동으로 TEPS나 TOEIC을 볼 수 있는 프로그램을 제공하는데, 이런 프로그램을 적극적으로 활용해서 좋은 성적을 얻고자 한다. 또 국제고에는 많은 동아리가 있는데, 교육 봉사 동아리 '시나브로' 활동을 하고 싶다. 얼마 전까지 교회의 공부방에서 초등학생들의 공부를 도와주었는데, 큰 보람을 느꼈다. 가르치면서 알던 지식을 다시 정리할 수 있어서 나에게도 유익한 시간이었다. 그래서 고등학생이 되어서도 그런 봉사 활동을 해보고 싶다.

■ **고등학교 졸업 이후의 학업 및 진로 계획에 대해 적어 주십시오.**

내 꿈은 어릴 때부터 외교관이 되는 것이었다. 그 꿈을 이루기 위해 국제고를 지원했고, 졸업한 후에는 정치외교학과에 들어가서 외교관이 되기 위한 수업을 들을 것이다. 그리고 대학교 재학 중에 외무고시를 준비해서 졸업 전에 합격하고 싶다. 그래서 대학교 수업 외에도 중국어·프랑스어 등 여러 언어를 배우고, 국제정치학과 국제법 등 외무고시를 치는 데 필요한 다양한 공부들을 계속할 것이다. 그 과정이 힘들고 어렵겠지만 나는 굉장히 끈기 있고 한 번 시작한 일은 끝을 맺는 성격이기 때문에 반드시 해낼 수 있을 것이다. 여러 나라의 문화에 관한 폭넓은 지식을 습득하면서 건강을 유지하기 위해 꾸준한 운동을 할 것이다. 외무고시에 합격하면 연수를 받고 외교통상부에서 일정 기간 일한 다음, 세계 여러 나라에 파견되어 외교관으로서의 역할을 다할 것이다. 나의 최종 목표는 최초의 여자 UN 사무총장이다. 지금은 그 꿈이 커 보이고 멀어 보이지만, 차근차근 과정들을 밟아 나가면 마침내 그 자리에 오를 수 있을 것이라고 믿는다.

- - -

■ 자신이 성장해서 지역 사회 또는 국제 사회에 기여하고자 하는 바에 대해 구체적으로 적어 주십시오.

외교관이 되어 얽혀 있는 여러 국제 문제를 풀고 싶다. 2004년 이라크의 무장 단체에 의해 피살당한 고(故) 김선일 씨와 샘물교회 사건을 보고 큰 충격을 받았다. 또 세계 여러 곳의 분쟁과 전쟁으로 죄 없는 아이들이 죽어 가고, 가족과 살 곳을 잃어버리고 있다. 이처럼 국제적인 문제로 개인이 희생당하는 경우가 적지 않다. 그 어떤 것도 인간의 존엄성보다 우선일 수는 없다. 쉽지는 않겠지만 이러한 일들을 해결하는 것이 외교관이 할 일이라고 생각한다. 그래서 나는 외교관 활동을 한 뒤 꼭 좀 더 넓은 무대인 UN에서 일하고 싶다. 사람은 누구나 자신이 관심 있고 좋아하는 일을 더 잘하게 되어 있다. 나는 고통당하는 아이들에게 관심이 많고 꼭 그들을 도와주고 싶기 때문에 이러한 분쟁을 해결하는 데 다른 누구보다 적극적일 것이고, 더 잘 해낼 수 있을 것이다. 내가 한국의 가능성, 나아가 세계의 가능성인 것처럼 어느 나라의 아이들이건 모두가 미래의 가능성이고 희망이라고 생각한다.

국제고등학교는 어떤 학교인가?

국제고등학교는 국제화·정보화 시대를 이끌어 갈 인재를 양성하기 위해 설립된 국제 계열 특수목적 고등학교다. 2004년 부산국제고등학교가 개교한 뒤 청심국제고등학교, 서울국제고등학교, 인천국제고등학교가 차례로 문을 열었고, 2011년에는 동탄국제고등학교와 고양국제고등학교까지 개교할 예정이다.

국제고등학교에 진학하기 위해서는 중학교 2, 3학년 영어 내신 성적이 상위 4% 안에 들고, 자기주도학습과 봉사 체험 활동, 독서 활동 등을 인정받아야 한다. 비록 중학교 전 교과의 내신 성적이 국제고 합격을 좌우하지는 않지만 학교장의 추천을 받기 위해서는 국어, 영어, 수학, 사회 등 주요 과목은 물론 전 교과 성적이 우수해야 한다.

국제고등학교는 11~12월 사이에 학생을 선발하며, 해당 지역에 있는 국제고에만 지원할 수 있다. 하지만 국제고가 없는 지역은 어디 지역에나 지원할 수 있다.

국제고등학교 VS 외국어고등학교

국제고는 영어를 기본으로 세계 무대의 정치, 경제, 문화 등에서 국제적 감각과 능력을 갖춘 국제 인재를 양성하기 위해 세워진 학교다.

1998년에 설립된 부산국제고등학교를 비롯해 전국에 6개의 학교가 있으며, 청심국제고등학교를 제외한 5개교가 모두 공립학교로 기숙사 생활을 하고 있다.

국어와 국사를 제외한 전 과목을 영어로 수업하는 영어 몰입 교육과 원어민 활용 수업을 전개하며, 발표와 토론 중심의 수업을 진행하고 있다. 교과 과정도 외국어 위주가 아닌 국제 무역, 국제 정치 등 국제적 감각을 키울 수 있는 과목들이 주를 이룬다.

외국어고등학교는 글로벌 시대에 대비해 다양한 국가의 언어에 특기를 지닌 전문적인 인재를 양성하기 위해 세워진 학교다. 다시 말해 외국어를 중점적으로 가르치기 위해 만든 특수목적 고등학교다. 현재 공립 14곳을 포함해 전국에 33곳이 있다.

외국어고등학교는 우리나라 특목고 가운데 가장 많을 뿐 아니라 5 대 1의 경쟁률을 기록할 정도로 인기가 있다. 국제고와 달리 영어, 일어, 불어, 독일어 등 학과별로 학생을 모집하며, 기본 교과 교육과 함께 외국어 교과를 집중해서 교육하는 것이 특징이다.

미나네 가정학습의 성과

　최근 자기주도학습이라는 말이 대유행이다. 스스로 학습 계획을 세워서 실천하고·그 결과까지 스스로 평가하는 것인데, 실제로 공부를 잘하는 아이들의 공통점을 살펴보면 공부를 즐겁게 열심히 하는 자기주도학습자라고 한다.

　미나 역시 초등학교 때부터 스스로 동기를 세워 공부하고 부족한 부분은 보충해 나가면서 공부에 대한 즐거움을 찾았던 자기주도학습자였다. 물론 국제고등학교에 합격한 비결도 여기에 있었다. 그리고 국제고에 합격한 뒤에도 미나는 여전히 그런 자신에게 자부심을 갖고 있다. 그래서 늘 자신 있는 목소리로 이렇게 말한다.

　"친구들 가운데는 좋은 사교육 덕분인지 영어는 물론이고 다른 내신 과목도 잘하는 아이들이 많아요. 하지만 저는 스스로 혼자 부딪쳐 왔기 때문에 문제를 해결하는 능력은 다른 누구와 비교해도 뒤처지지 않는다고 생각해요. 아니, 제가 훨씬 높다고 자부합니다."

　손수 장작을 패게 해야 이중으로 따뜻해지는 걸 알게 된다고 했다. 스스로 공부하는 방법을 터득하고 공부의 즐거움을 찾은 미나. 혼자서 문제를 해결해 나갈 수 있는 능력과 힘은 먼 훗날 미나의 또 다른 재산이요, 희망이 될 것이라고 확신한다.

미나와 해미의 학습 전략 심리 검사

　사교육을 받는 대신 아빠 엄마표 학습으로 공부한 아이들의 특징은 무엇일까?

　미나와 해미를 통해 가정학습의 성과를 알아보기 위해서 '학습전략 심리검사'를 했다. 이 검사는 학업 동기와 방법, 성취도 등의 전반적인 내용을 평가하는 것으로, 아이들에게는 정신 심리 검사, 그림 검사, 학습전략 검사 등 세 가지를 실시하고 부모님은 성격 검사와 자녀 교육관에 관한 상담을 받았다.

검사 결과지 1

　미나와 해미 모두 원하는 결과를 얻기 위한 자기 능력에 대한 믿음, 실천력, 그리고 시간 관리 능력이 또래의 평균치보다 월등히 높게 나왔다.

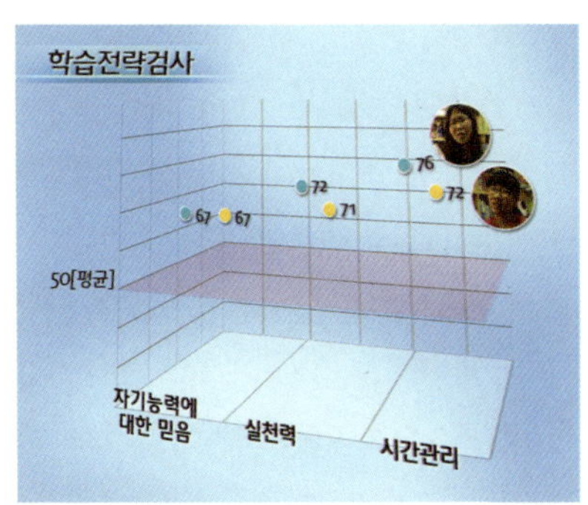

검사 결과지 2

　학습 동기 또한 평균보다 훨씬 높은 편이었다. 여기서 눈여겨볼 것 가운데 하나는 자신의 부족함을 보이지 않으려고 하거나 과제를 피하려고 하는 회피 동기는 오히려 평균치 이하라는 사실이다. 자신이 못하는 것에 대해서도 당당하고 오히려 부딪쳐 보자는 적극성이 돋보이는 결과였다.

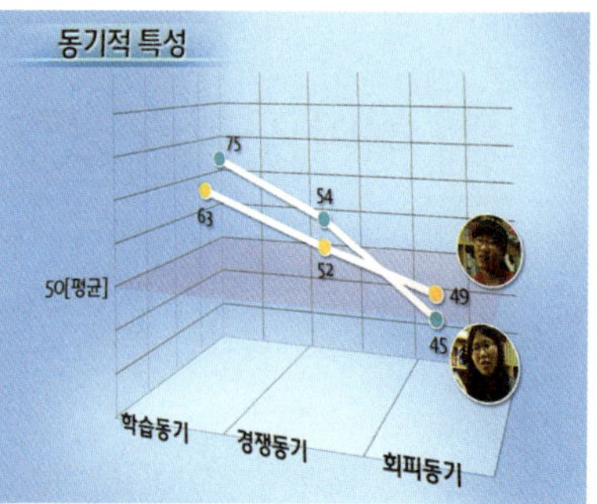

"미나와 해미의 검사 결과는 일시적으로 만들어질 수 있는 유형이 아닙니다. 이건 부모님의 교육 방침이 확고하다는 걸 보여줍니다. 지금의 성과가 아니라 이후의 장기적인 성과가 중요하다는 사실을 명확히 인지했기 때문에 기다려 주셨고, 두 분 다 일관된 철학으로 가르치셨어요. 무엇보다 청소년이기 때문에 정체감과 자존감이 아주 중요한데, 부모님이 격려해 주시고 또 아이가 너무 앞서 나갈 때는 줄여 주시고 심리적인 안정감을 가질 수 있도록 밀어 주신 것이 큰 영향을 끼친 겁니다. 동기를 봐도 학습 자체를 중요하게 여기지 결과에 연연하는 태도는 많이 나타나지 않습니다. 그러니 공부를 즐겁게 할 것이고 만족감도 클 겁니다. 또 그 다음 학습에 도전적으로 접근하니까 이런 모습이 나오지 않았나 싶습니다."

- 박동혁 | 심리학 박사 · 학습전략검사 전문가

박동혁 박사 인터뷰 내용

사교육과 자기주도학습의 차이는 무엇인가요?

사교육은 이미 적정선을 넘었기 때문에 많은 아이들이 사교육 과잉 상태입니다. 사교육을 기능적으로 잘 활용하는 경우도 있지만, 일단 수동적인 학습에 익숙해지면 주도적으로 해야 하는 데서 갈피를 잡지 못하는 경우가 많아요. 목표도 부모님이 정해 주고 계획도 누군가가 제시해 주다 보면 공부하는 주체의 동기가 사라집니다. 대학생이 돼서 정작 자기주도학습을 해야 할 때 무기력해지기 쉽죠.

가정학습의 장점과 단점을 말씀해주세요.

일단 사교육 없이 가정학습을 시키는 데는 몇 가지 전제 조건이 필요합니다. 부모님의 의지와 가치관이 명확해야 하고 학생의 목표의식도 확실해야 합니다. 이런 경우는 사교육의 양은 적고 자신이 공부할 시간은 많기 때문에 어떻게 하느냐에 따라 효율성을 상당히 높일 수 있습니다. 자신의 시간을 스스로 관리해야 하니까 자기 관리 능력도 높아지고 주도성도 훨씬 크죠. 이런 면이 뛰어난 아이들은 학업 성취도도 전반적으로 높은 편입니다. 다만 선행학습을 많이 한 아이들에 비해서 현재 주어진 과제를 처리할 때는 느릴 수 있습니다. 처음 접해 봤기 때문에 시간이 필요한 거죠. 하지만 이해도가 높기 때문에 이 또한 일시적인 단점에 불과합니다. 가정학습에서 주의해야 할 것은 부모님의 과잉 통제입니다. 부모님이 계획을 세우고 소소한 부분까지 챙겨 주면 아이들은 '나 혼자서는 못하는가 보다'라고 생각하며 지레 포기하기 쉬워요. 이 부분만 조심한다면 주도적인 학습자가 학업 성취도 역시 높을 수밖에 없습니다.

가정학습, 부모가 아이를 만든다

미나가 국제고에 입학한 뒤 첫 중간고사를 보았다. 그런데 성적이 생각만큼 나오지 않았다. 미나는 너무 속상했는지 엉엉 울면서 전화를 했다.

"엄마, 흑흑흑."

"미나야, 왜 그래? 무슨 일이야?"

"엄마, 죄송해요. 엉엉엉."

"왜? 미나야, 왜 그러는데? 혹시 시험 잘 못 봐서 그러는 거야?"

"네……."

"에휴! 엄마 깜짝 놀랐잖아. 괜찮아. 시험 좀 못 보면 어때? 아빠 엄마가 늘 말했잖아. 결과보다는 최선을 다하는 것이 더 중요하다고. 기억하지?"

"네."

"그러니까 울지 말고 남은 시험도 끝까지 열심히 하자. 알았지?"

"네, 엄마. 고마워요. 남은 시험은 열심히 해서 잘 볼게요."

"그래, 좋아! 엄마는 우리 미나 믿는다. 힘내!"

미나는 내 말을 듣고 기분이 풀렸는지 금방 목소리가 밝아졌다.

성적? 우리 가족에게 당장의 성적은 중요하지 않다. 지금까지도 그랬듯이 결과보다는 과정의 중요성을 알기 때문에, 또 멀리 보는 목표가 있기 때문에 어떤 위기도 극복할 수 있다는 믿음이 있다.

언젠가 미나가 이런 얘기를 한 적이 있다. 학교 애들이 시험이 다가오면 점점 불안해 한다는 것이다. 중학교 때까지는 모두가 1등이었는데, 국제고에 들어와 어떤 처참한 등수를 받을까 걱정이 돼서 스트레스를 많이 받는 것 같았다. 미나 역시 불안해 보였다. 그래서 내가 물었다.

"미나야, 만일 네가 너희 1학년 157명 가운데 157등이면 어떨 것 같아?"

"헉! 생각만 해도 싫다! 솔직히 충격이 클 것 같아요. 최악의 경우 20등

밖을 넘어가는 건 생각해 봤지만, 꼴찌는 생각 안 해봤는데.”

“그럼 지금 생각해 봐.”

“처음에는 일단 엄청 울겠죠. 그런 다음에는 다음 시험을 준비해야죠. 왜냐하면 내가 못해서가 아니라 다른 애들이 너무 잘하는 거잖아요. 그러니 어떡하겠어요. 더 열심히 하는 수밖에요. 아, 근데 그건 알아봐야겠어요. 156등과 몇 점 차이가 나는지. 너무 많이 차이 나면 안 되는데…….”

“설마 156등하고 차이야 많이 나겠니? 근데, 나도 좀 그렇다. 사람들이 ‘미나 국제고 갔는데 잘하냐’고 물으면 ‘157등 했어요’라고 말할 순 없잖아. 안 그래?”

“하하, 맞아요.”

“근데 만일에 미나가 157등을 한다고 해도 그것 때문에 좌절해서 공부를 포기하는 일은 없었으면 좋겠어. 끈기 앞에 장사 없고, 이 악물면 못 할 게 없다는 거 알지?”

나는 미나가 시험에 대한 중압감을 느낄까 봐 일부러 더 여유 있는 모습을 보이려고 노력했다. 내가 조급함을 보이면 미나가 더 힘들어 할 것 같아서였다. 미나 아빠도 늘 이렇게 말했다.

“어차피 그 학교를 선택했을 때 예상했던 거잖아. 다들 보면 너무 처음부터 100미터 달리기를 생각해. 마라톤인데……. 흔히 말하는 오버 페이스, 오버 스펙 그런 거 하지 마. 남이 한다고 나도 해야겠다고 생각하는 순간, 나중에 골인 지점에서 뒤처질 수밖에 없는 거야.”

미나 아빠와 나는 미나가 느릿느릿 기어가는 거북이어도 괜찮다고 말한다. 대신 천천히 꾸준히 포기하지 않고 열심히 하다 보면 언젠가는 자신이 원하는 목표를 이룰 수 있을 거라 확신한다.

- 영어 못하는 엄마, 영어 잘하는 아이
- 가정학습의 시작_소문난 학습법이 아닌, 내 아이에 맞는 학습법을 찾다
- 우등생이 되고 싶다면 다독(多讀)하라!
- 영어 왕초보 엄마의 영어 영재 만들기
- 엄마표 영어, 정말 책읽기만으로 가능할까?_엄마표 영어의 성공 조건
- 엄마표 영어, 초보 엄마에게 보내는 조언

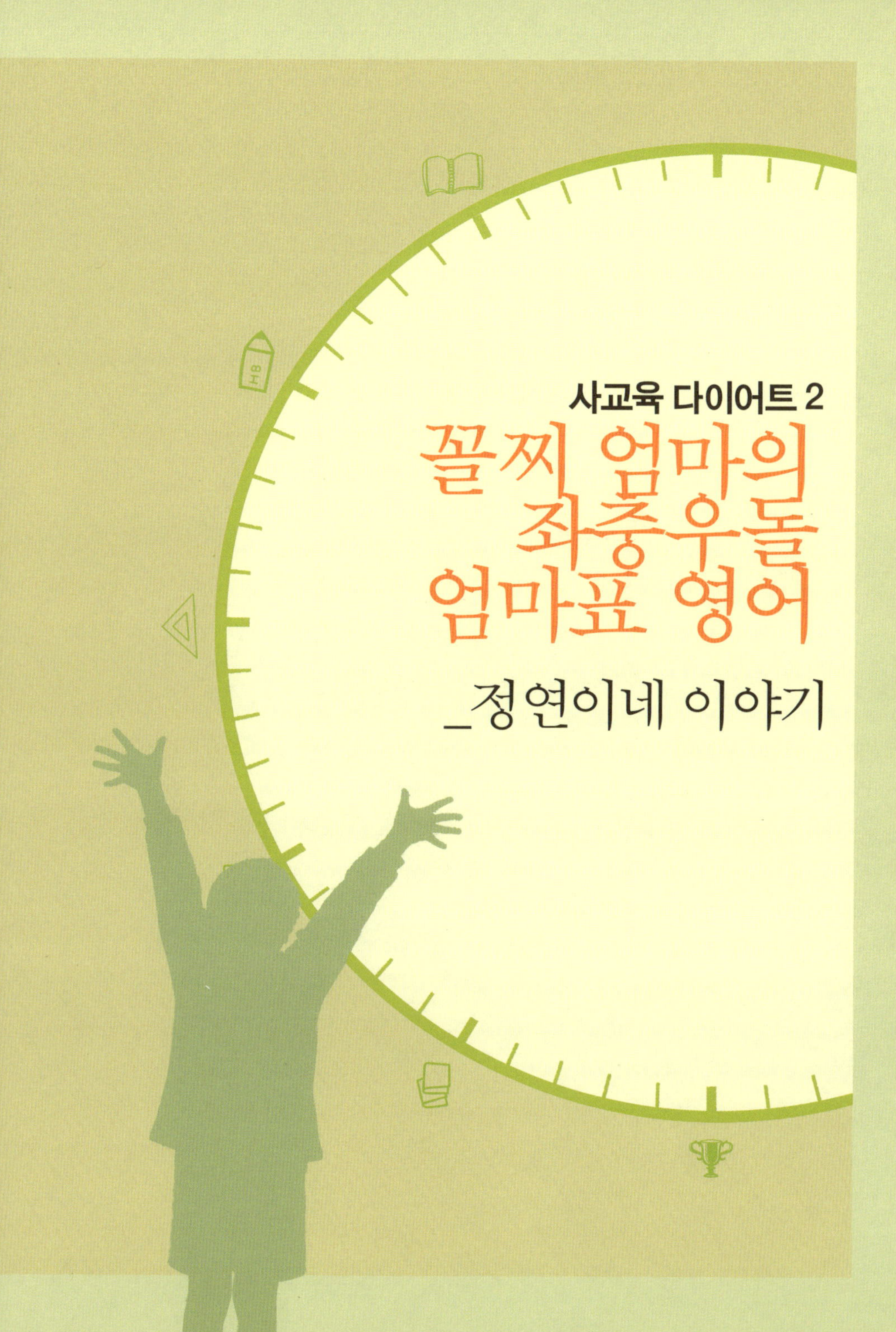

사교육 다이어트 2

꼴찌 엄마의
좌충우돌
엄마표 영어

_정연이네 이야기

교육의 목적은
기계적인 사람을 만드는 데 있지 않고,
인간적인 사람을 만드는 데 있다.
또한 교육의 비결은
상호 존중의 묘미를 알게 하는 데 있다.
창조적인 표현과 지식에 대한 기쁨을
깨우쳐 주는 것이 교육자의 최고 기술이다.

아인슈타인

영어 못하는 엄마,
영어 잘하는 아이

사교육 열풍의 주범으로 몰리는 영어. 옹알이부터 영어로 시키고 싶은 엄마들은 오늘도 영어에 미친 듯이 몰입한다. 심지어 100만 원이 훌쩍 넘는 고액 유치원이 어마어마한 경쟁력을 자랑하고 있으며, 영어의 왕도만 찾을 수 있다면 아빠를 기러기로 만든 채 엄마 손을 잡고 줄줄이 먼 이국땅으로 떠나는 실정이다.

부모들은 영어 공부를 10년 넘게 했어도 외국인 앞에 서면 '땡큐' 소리 한 번 시원하게 하지 못하는 영어 울렁증을 아이에게만큼은 물려주고 싶어 하지 않는다. 그래서 큰돈을 쏟아붓더라도 영어 유치원, 영어 학원, 해외 연수까지 영어 교육에 올인하는 것이고, 많은 에너지와 비용이 들어가지만 인내와 오기로 참고 이겨낸다.

그러나 밑 빠진 독에 물을 붓는다고 독을 채울 수 있을까? 또 아빠를 언제까지 기러기나 펭귄으로 버려둘 수는 없지 않은가? 이런 고민을 하는 부모들이 늘기 시작했다. 그리고 마침내 영어에 들어가는 어마어마한 비용을 무조건 두고 볼 수만은 없다고 한목소리를 냈다. 또한 인터넷이나 신문, 책 등을 통해 '무조건 사교육에만 맡기기보다 내 아이의 특성에 맞게 엄마가 직접 가르친다!'는 '엄마표 영어'가 유행처럼 빠르게 번져 나갔다. 그래서 이제 '○○○네 엄마표 영어 비법' 또는 '엄마표 영어를 위한 학습 자료'들을 어렵지 않게 공유할 수 있게 되었다.

더욱이 각종 매체를 통해 만난 엄마표 영어 사례들 가운데는 정말 솔깃한 정보들이 많다. '○○○네 영어 신동'같은 블로그에는 엄마가 직접 가르칠 수 있는 영어 교재부터 그 교재를 활용한 엄마표 수업의 동영상과 학습 자료까지 친절하게 올려놓았다. 그리고 엄마표를 진행하면서 느꼈던 어려운 점은 물론 아예 영어 교수법에 대한 전문가들의 인터넷 강의도 들을 수 있어 마음만 먹으면 당장이라도 '엄마표' 학습을 실행할 수 있을 것 같았다.

그런데 마음 한쪽에 자리 잡는 이 의구심은 무엇일까?

"정말 엄마표만으로 영어를 잘할 수 있을까?"

"엄마가 영어를 잘 못해도 아이에게 영어를 잘 가르칠 수 있다는 게 사실일까?"

믿기 어렵지만, 사실이었다. 정말 평범한 엄마와 평범한 아이의 영어 학습법이 있었다. 바로 열네 살 정연이네 이야기다.

정연이 엄마는 영어를 전공하지 않았다. 더욱이 누구에게 영어를 가르쳐 본 적도 없다. 아직도 깨알 같은 영어가 빽빽하게 적혀 있는 책을 보면 머리가 지끈 아파 오고 갑자기 우울한 감정에 빠져드는 보통의 엄마다. 그런데 어느 날 문득 '정말 좋은 선생님은 아이에게 영어를 잘 가르치는 것이 아니라 아이 스스로 하게끔 이끌어 주는 선생님'이라는 생각을 하게 되었다. 그리고 '그런 역할이라면 나도 할 수 있겠다' 싶어 어렵게 엄마표 영어에 도전하기로 결심했다.

정연이 엄마도 처음에는 영어의 벽이 너무 높고 단단해서 직접 영어를 가르칠 수는 없을 거라고 생각했다. 그래서 아이가 영어에 관심과 흥미를 가질 수 있도록 도와주자고 마음먹었다. 만일 아이가 영어를 학습이 아니라 놀이라고 생각하게 되면 엄마와 함께 재밌게 공부할 수 있을 거란 믿음이 생겨 용기를 냈다.

그 뒤 정말 신기한 일이 벌어졌다. 엄마는 정말 이 정도만 했을 뿐인데, 정연이가 전주 지역에서 이른바 영어 영재로 소문이 난 것이었다. 영어 학원에 다니지도 않고 집에서 그냥 꾸준히 공부했을 뿐인데 초등학교 6학년 때는 전라북도 교육청에서 주최한 해외 글로벌 장학생으로 뽑혀 두 달간 공짜로 캐나다 연수까지 다녀왔다. 더욱이 같은 또래가 다니는 영어 학원에서 레벨 테스트를 받으면 항상 상위 1%에 속해 학원으로부터 장학생으로 다니라는 권유까지 받을 정도였다. 또 6학년 때는 그 전해 수능 영어 시험지를 풀어 만점을 받기도 했다.

정연이의 이런 영어 실력을 두고 주변 사람들은 가끔 정연이가 언어 능력이 탁월하기 때문이라고 말하곤 한다. 그런데 정연이는 오히려 어렸을 때 문자 익히는 것이 더더 엄마의 애를 태웠었다. 엄마는 정연이가 영어를 잘 하게 된 것은 언어 능력이 탁월하기 때문이 아니라 꾸준히 오래오래 열심히 했기 때문이라고 생각한다. 그래서 평범한 정연이가 영어의 신이 된 이야기를 들려주고 싶어 한다.

정연이네 집에는 방마다 수많은 책들이 가득 들어차 있다. 한글로 쓰여진 책이 8000권이고 영어로 된 책이 2000권쯤 있다. 정연이는 어렸을 때부터 엄마와 함께 책을 읽으며 한글과 영어를 깨쳤다. 이 많은 책을 읽은 덕분인지 정연이는 영어는 물론 전 과목에서 상위권을 유지하고 있다. 집 안 한쪽 벽면에 붙어 있는 상장이 100여

다양한 책들이 책장을 가득 채운 정연이네 집

개가 넘고, 영어 외에 수학, 과학, 글쓰기 등에서도 제법 두각을 나타냈다.

정연이의 교내외 수상 기록

- **3학년**   하늘교육 주최 MBC 수학경시대회 대상
- **4학년**   아동문학회 주최 다독왕상
  교내 영어 말하기 대회 1위
- **5학년**   하늘교육 주최 MBC 영어경시대회 전라북도 2등
  Pelt standard 1급 합격
  Pelt jr 1급 만점
  JET 1급 전라북도 1등
  성균관대학교 주최 영어경시대회 전라북도 2등
  전주시 교육청 과학 영재교육원
  전주시 동계 영어캠프 전체 1위 및 스피치 대회 전체 1위
- **6학년**   전라북도 글로벌 장학생(두 달간 캐나다 무료 연수)
  하늘교육 주최 MBC 영어경시대회 대상(전국 1등)
- **중1 현재**   전주시 교육청 영재교육원(중등영어 부문)
  성균관대학교 주최 영어경시대회 전라북도 3등(2등급)
  KMC 중학수학시험 은상(2010년 6월)
  전라북도 지식탐구 토론대회 교육장상(영어)

가정학습의 시작_
소문난 학습법이 아닌,
내 아이에 맞는 학습법을 찾다

정연이 엄마는 학창 시절 집이 가난한 탓도 있었지만 공부에 별 흥미가 없었다. 집안 형편상 대학은 꿈도 꿀 수 없었고, 공부도 못해 학급에서조차 평균 깎아먹는 학생으로 낙인이 찍혔었다. 그러나 뒤늦게 공부에 대한 욕심이 생겨 남들보다 조금 늦게 대학에 다니고 싶다는 꿈을 갖게 되었다. 공부도 다 때가 있다는데 쉽지 않을 거라고 생각했지만, 가난한 것이나 못 배운 것보다 더 부끄러운 것이 도전하지 않는 삶이라는 말을 듣고 공부에 몰두하게 되었다.

그리고 마침내, 그동안 흘린 땀과 노력이 헛되지 않아 4년제 대학에 당당히 합격했다. 그 뒤 4년 동안 학비를 마련해 가며 어렵게 학교에 다녔다. 정연 엄마는 이렇게 힘든 시간을 보내서인지 정연이

만큼은 제때 제대로 된 교육을 시키겠다고 늘 입버릇처럼 말해 왔다. 그래서 일찍부터 정연이의 교육에 신경을 곤두세웠다.

결국 정연이가 네 살이 되던 무렵부터 남들도 다 한다기에 한글과 영어 학습지를 시켰다. 특히 영어는 외국어에 대한 두려움이 없는 나이에 배워야 습득 속도가 빠르다는 말에 솔깃해 영어 유치원에 보내기까지 했다. 그리고 부업으로 비디오 가게를 운영하면서 틈날 때마다 정연이에게 영어 교육용 비디오를 보여주었는데, 신기하게도 조잘조잘 영어로 따라 하곤 했다. 아무래도 비디오를 보는 것이 놀이처럼 재미있게 느껴지는 것 같았다. 엄마는 정연이가 영어에 흥미를 보일 때 조금 더 적극적으로 시켜야겠다고 생각했다.

그 뒤 며칠이 지났을 때였다. 뭐가 잘못됐는지 정연이가 변하기 시작했다. 왠지 영어 공부에 흥미를 잃은 듯 보였다. 엄마는 걱정이 되어 정연이에게 조심스럽게 물어보았다.

"정연아! 왜? 영어 공부 재미없어?"

"응. 재미없어!"

뜻밖이었다. 언제부터 영어 공부가 재미없어진 것일까, 엄마는 너무 당황스러웠다.

"왜? 왜, 영어 공부가 재미없어?"

"어려워서!"

"어려워? 그럼 선생님한테 물어보면 되잖아?"

"물어보려고 했는데, 선생님이 내가 자꾸 빠져서 학습지가 밀렸다고 대답도 안 해주고 다음 진도 나가자고 그래."

아뿔사! 그게 문제였다. 선천적으로 몸이 약해 수업을 하지 못하는 날이 많았는데, 그것이 정연이가 영어와 멀어지는 이유였던 것이다.

"그래? 그럼 정연이가 튼튼해지면 되겠다, 그치?"

"그래도 선생님은 또 바뀔 거잖아. 만날만날 선생님이 바뀌는 거 싫어!"

사실 요 몇 달 동안 하루가 멀다 하고 선생님이 바뀌는 바람에 엄마도 마음이 언짢았는데, 정연이도 같은 생각을 했던 모양이다.

"그랬구나. 정연이도 그게 싫었구나. 엄마가 미안해. 이제부터 엄마랑 같이 공부하자."

엄마는 그동안 정연이의 마음을 헤아려 주지 못한 것 같아 너무 미안했다. 이제 더 이상 정연이를 남에게 맡기면 안 될 것 같은 생각이 들었다. 결국 영어 학습지와 영어 유치원은 몇 달을 넘기지 못하고 중단하고 말았다.

정연이는 아주 활달하고 밝은 아이다. 그러나 보기와는 달리 태어난 지 열흘 만에 다시 병원에 입원할 만큼 잔병치레가 많아 걱정이 끊이지 않았다. 초등학교 때는 아토피와 비염, 천식까지 있어 초등학교 6년 동안 1년에 거의 두 달은 결석을 해야 했다. 특히 봄과 가을이면 천식이 더 심해져 엄마는 환절기가 되면 정연이의 몸 상태를 살피고 방 온도와 습도를 체크하느라 밤을 꼬박 새우기 일쑤다.

이렇게 정연이는 어렸을 때부터 건강 때문에 집에서 지내는 시간이 많았다. 그러다 보니 정연이에게 맞는 학원이나 선생님을 구하는 것도 쉽지 않았다. 잦은 결석으로 진도를 맞추기도 어렵고, 정연이를 엄마처럼 보살펴 줄 수 있는 선생님을 만나는 것도 불가능했다. 그래서 엄마는 결국 가정학습으로 눈을 돌리게 되었다.

그러나 결심은 했지만 막상 가정학습을 하려고 하니 무엇을 어떻게 시작해야 할지 막막하기만 했다. 다른 집처럼 눈에 띄는 곳에 예쁜 단어 카드나 포스터 등을 붙여 두었지만, 말이 비교적 빨랐던 정연이는 읽고 쓰는 문자에는 전혀 관심이 없었다.

게다가 정연이가 네 살 때부터 부업으로 했던 비디오 가게를 그만두고 아이와 하루 종일 함께 있어 보니 비디오를 보는 시간이 굉장히 길었다. 늘 같은 시간을 봐왔을 텐데 그 전에는 느끼지 못했던 습관들이 눈에 들어와 깜짝 놀랐다.

'이러면 안 되지. 세상에, 내가 그동안 애를 너무 방치했구나.'

엄마는 그날부터 정연이에게 비디오 대신 책을 가까이하게 해주기로 마음먹고 중고 서점을 돌아다녔다. 주변 사람들이 좋다고 말하는 책들을 추천받아 전집으로 사들이기 시작했다. 정연이가 다섯 살 무렵이었다.

그러나 또 문제가 생겼다. 정연이 수준은 고려하지 않은 채 엄마들 입소문이나 평가만 믿고 좋은 책이라고 여겼던 것이 화근이었다. 처음에는 새로운 책을 보며 좋아하던 정연이가 불과 며칠 만에 책을 읽지 않는 것이었다.

"이상하다. 분명 정연이 또래의 아이들이 좋아하는 책이라고 했는데……. 혹시 우리 정연이가 다른 아이들에 비해 좀 떨어지는 건가?”

　정연 엄마는 은근히 걱정스러웠다. 정연이가 선천적으로 책읽기를 싫어하는 건 아닌지 별의별 생각이 다 밀려왔다. 정연이는 이때 구입한 책 가운데 열 권도 채 읽지 않고 다시 비디오를 찾기 시작했다. 책은 책대로 정연이는 정연이대로 서로에게 아무런 관심도 없었다. 그야말로 따로국밥이었다. 나중에 알게 된 사실이지만, 그때 구입한 책은 모두 정연이 수준에 맞지 않는 것이었다. 정연이에게는 너무 어려운 책이다 보니 당연히 책을 가까이하지 않았던 것이다.

　아무튼 이렇게 시행착오를 거친 뒤 정연 엄마는 다시 서점을 찾기 시작했다. 이번에는 자신이 서점을 직접 돌아다니며 정연이가 좋아할 만한 그림책을 신중하게 골랐다.

　“이번에는 정연이가 좋아할 거야. 그림도 예쁘고 글씨도 많지 않으니까.”

　엄마는 책을 사오는 내내 기분이 너무 좋았다. 이제 정연이가 비디오는 뚝 끊고 책만 읽을 거라는 기대감에 콧노래가 절로 나왔다. 그러나 이것 또한 착각이었다. 이번에도 정연이는 책에 별 관심을 보이지 않았다. 분명 좋아할 거라 생각했는데, 낭패였다.

　“휴, 어떻게 된 거지? 정연이가 정말 책을 싫어하는 건가? 책 읽는 게 재미없나? 아니면 내가 너무 재미없게 읽어 주나?”

　사실은 아직 엄마도 정연이도 책 읽는것이 습관이 되어 있지 않아 아무리 재밌는 책을 사다 줘도 가까이하지 않았던 것이다. 그러나

EQ의 천재들 시리즈

엄마는 정연이에게 억지로 책을 읽으라고 강요하지는 않았다. 가뜩이나 문자에 흥미가 없는 아이인데 억지로 시키면 오히려 역효과가 날 것 같아서였다. 대신 정연이가 관심을 보일 때까지 무작정 기다려 주기로 했다.

'조급해 하지 말자. 남들보다 한글 좀 늦게 알면 어때? 학교 가기 전에만 깨치면 되지. 또 못 깨쳐도 할 수 없지. 아프지만 않으면 다 괜찮아.'

엄마는 조급한 마음을 버리는 대신 정연이 앞에서 책 읽는 모습을 보여주기로 했다. 그래서 그날 이후 정연이가 보든 말든 늘 책을 손에 들고 살았다. 특히 문자에 흥미가 없는 정연이를 위해 두세 살 된 아이들이 보는 그림 동화책을 보면서 혼잣말로 감탄사를 쏟아내곤 했다.

"와, 이거 되게 재밌다! 그림 좀 봐. 너무 멋있다~아."

또한 일부러 과장해서 깔깔거리며 정연이의 관심을 유도했다. 이렇게 1년 정도 엄마만의 책읽기가 계속되었다.

그렇게 시간이 흘러 다음 해 어느 겨울날이었다. 정연이가 드디어 혼자 책을 보기 시작했다. 귀여운 캐릭터가 인상적인 《EQ의 천재들》이란 그림책을 손에 쥐고 책읽기의 독립을 시작한 것이다.

"어머나! 우리 정연이 책을 아주 잘 읽는구나. 엄마가 몰랐네."

"헤헤. 이 책 재밌어."

"그래? 나중에 엄마도 읽어 봐야겠다."

"그럼 내가 빨리 읽고 줄게."

엄마의 칭찬과 관심에 신이 났는지 정연이가 책을 더 몰입해서 읽기 시작했다. 그리고 별다른 학습 없이 책읽기와 함께 한글도 저절로 깨칠 수 있었다.

우등생이 되고 싶다면
다독(多讀)하라!

정연이는 영어 짱이다! 학원에 다니지 않고 집에서 공부했지만, 누구나 인정하는 영어 영재다. 그렇다고 정연이가 영어만 잘하는 것은 아니다. 다른 과목도 모두 상위권이다. 특히 과학은 따로 준비하는 것도 아니고 그렇게 잘한다고 생각하지도 않았는데, 어느 날 담임선생님에게서 전화가 걸려 왔다.

"정연 어머니, 과학영재교육원이라고 들어 보셨죠?"

"아, 네. 들어 보기는 했는데……."

"아시겠지만 영재원은 학교마다 두세 명만 추천할 수 있어요. 우리 학교에서는 정연이가 추천을 받았습니다. 축하드려요."

"네? 정연이가요? 정연이는 영재도 아닌데……."

"무슨 말씀을요. 정연이는 정말 많은 잠재력을 갖고 있는 아이에요."

"그래도……."

"어머니, 정연이는 충분히 자질이 있는 아입니다."

"그런데 선생님, 제가 듣기로는 영재원에 가고 싶어서 따로 준비하는 친구들도 많던데요. 그 친구들을 추천하시는 게 어떨지……."

"어머니, 정연이도 그 친구들 못지않게 잘해요. 과학에 대한 열정도 있고 잠재력도 있습니다. 특히 정연이의 장점은 책을 많이 읽어서 창의력이 뛰어나고 문제 해결 능력도 탁월해요."

"아…… 네, 감사합니다."

"어머? 감사하시다뇨? 이렇게 훌륭한 학생을 가르칠 수 있으니 제가 어머니께 감사드려야죠. 그리고 걱정 마세요. 결과에 상관없이 정연이에게도 이번 기회가 좋은 경험이 될 테니까요."

담임선생님의 말씀에도 불구하고 엄마는 걱정스러웠다. 몸이 아파 결석하는 날이 많아서 교과 과정을 무사히 마무리하기만 하면 다행이다 싶었는데 갑자기 영재교육원이라니. 더욱이 영재교육원은 한 번도 생각해 보지 않아 따로 준비한 것도 없는데 어떻게 하나. 정연 엄마는 꽤나 당황스러웠다. 혹시라도 정연이보다 더 영재성을 갖고 있는 아이가 있을지도 모르니 담임선생님을 다시 설득해 보자는 생각이 들었다. 그러나 선생님은 이미 사비를 들여 영재교육원에 서류 접수를 마친 상태였다.

얼마 뒤, 마침내 영재교육원 시험 날이 되었다. 바짝 긴장한 엄마와 달리 정연이는 여느 날과 다름없이 밝은 얼굴을 하고 시험장으로 들어갔다. 씩씩하게 걸어 들어가는 정연이의 뒷모습을 보며 엄마는 '이럴 줄 알았으면 학원에라도 보내서 조금 일찍 준비해 둘 걸!' 하는 후회를 했다. 엄마의 무지(無智)가 소신이 아니라 아이를 망치는 일이 되면 어쩌나 하는 생각에 마음이 불편했다

얼마나 지났을까? 멀리서 정연이의 목소리가 들렸다.

"엄마!"

정연이는 들어갈 때처럼 환한 얼굴로 엄마에게 달려왔다.

"정연아, 영재교육원 시험인데 어렵지 않았어?"

"응, 3차 심화 시험 문제는 좀 어려웠어. 근데 나머지는 그냥 그랬어. 대부분 예전에 책에서 읽었던 것들이 나왔던데!"

"그래? 어떤 책인데?"

"음, 과학동아에서도 나오고……. 맞다! 엄마가 사준 학습 만화 있지? 거기서 읽은 내용도 문제로 나왔어!"

"정말?"

"응. 영재교육원 시험도 별 거 아니더라고, 히히히. 근데 엄마, 나 시험 너무 잘 봐서 영재교육원에 합격하면 어쩌지?"

왠지 정연이도 자신이 시험을 잘 봤다고 생각하는 것 같았다. 하지만 과학영재교육원에 들어가기 위해 어려서부터 각종 올림피아드와 경시대회 등을 준비하며 고액의 특별 수업까지 받는 아이들이 많다는데, 우리 정연이가 무슨 수로? 정연 엄마는 꿈조차 꾸지 말자며 마음을 비웠다.

아이들의 공부방이 된 정연이네 집

그런데 한 달 뒤, 놀라운 소식이 날아들었다. 정연이가 과학영재교육원에 합격했다는 것이다. 전혀 예상하지 못했는데, 아니 꿈도 꾸지 않았는데 정말 뜻밖이었다. 담임선생님이 정연이가 독서를 많이 한 것이 도움될 거라고 하셨는데, 정말 그 말이 딱 맞아떨어졌다. 몸이 약해서 친구들과 밖에 나가 놀지도 못하고 집 안에 있는 시간이 많아 책을 친구로 삼았던 건데, 그 책들이 이런 보상을 해줄 줄이야! 책을 많이 읽는 것이 중요하다는 평범한 진리가 이렇게 증명되다니……. 엄마는 새삼 다독의 힘을 절감했다.

정연이가 책만 읽고 과학영재교육원에 합격했다는 소문이 퍼지자 이웃들도 정연이에게 관심을 보이기 시작했다. 동네 아이들이 하나둘씩 정연이네 집을 찾아왔고, 엄마들도 정연이와 어울리는 것을 반가워했다. 심지어 어떤 엄마는 자기 아이와 정연이가 함께 책을 읽도록 해주었으면 좋겠다는 부탁까지 해왔다. 정연 엄마는 그들의 부탁을 흔쾌히 들어주었다. 정연이도 집 안에서 늘 외롭게 지냈는데 친구들이 많아지자 아주 좋아했다. 어느새 정연이네 집은 동네 공부방이 되었다.

정연 엄마 역시 정연이가 영재교육원에 합격한 것을 계기로 좀 더 본격적으로 엄마표 학습을 시작하기로 했다. 그래서 아동독서지도사 과정과 주산·암산지도사 과정, 초등수학지도사 과정을 이수했다. 실제로 이런 과정들이 정연이의 독서 지도에 많은 도움이 되었는데, 특히 정연이에게 맞는 책을 선택하는 기준을 세울 수 있어서 좋았다. 그리고 다독이라고 해서 무조건 책을 많이 읽히는 것이 아니라는 사실도 이런 과정들 속에서 배울 수 있었다.

정연 엄마가 말하는 다독의 힘!

"엄마표 학습에서 가장 중요한 것은 꾸준한 한글 독서라고 생각해요. 학습의 기초이자 기본이 바로 독서를 통한 이해이기 때문이죠. 정연이는 몸이 약했기 때문에 집에서 책과 함께 있는 것이 습관이 되어 자연스럽게 많은 책을 보게 됐어요. 가끔은 책을 통해 바깥 활동에서 경험하지 못한 것들을 대리 만족하는 것 같았지요. 솔직히 저는 그게 마음이 아팠는데, 오히려 초등학교에 입학한 뒤에는 책을 많이 본 것이 여러모로 효과를 나타내더군요. 예를 들면 어려운 응용수학 문제에 대해서도 또래 아이들보다 이해력이 높았고, 따로 미술학원에 보낸 적도 없는데 입체감이나 원근감 등을 표현하는 거예요. 아이의 상상력을 자극하는 그림 동화를 많이 본 것이 도움이 됐던 것 같아요."

만화만 보려는 아이, 괜찮을까?

"정연이의 경우는 학습 만화에서도 많은 효과를 봤어요. 저도 어렸을 때 학습 만화를 보았던 경험이 있어서 아이에게도 주저하지 않고 학습 만화를 사주었지요. 게다가 정연이는 글로 된 책을 좋아하지 않다 보니 저학년 때는 주로 학습 만화를 읽었습니다. 다만 책은 제가 많이 고민하고 엄선해서 구입하는데, 가능하면 다양한 장르의 책을 고르려고 노력해요. 그래야 정연이가 편독하지 않을 테니까요. 그리고 수학이나 과학처럼 어렵고 딱딱한 분야는 흥미를 가질 수 있게 문제집보다는 학습 만화를 먼저 보게 했는데, 그것이 지금까지 도움이 되고 있어요. 만일 책을 즐겨 읽지 않는 아이라면 먼저 학습과 관련된 만화를 보여주고, 그다음에 다른 책들을 읽도록 해서 균형을 잡아 준다면 아이도 모르는 사이에 배경 지식으로 자리 잡을 거라고 생각합니다."

정연이가 보았던 학습 만화와 과학동아

영재교육원은 영재를 조기에 발굴해서 교육하기 위해 운영되는 교육기관으로, 크게 대학 부설 영재교육원과 교육청 영재교육원으로 나뉜다. 서울대 영재교육원이나 연세대 영재교육원 같은 대학 부설 영재교육원은 전국 25개 대학에서 운영하고 있으며, 교육청 영재교육원 및 영재학급은 지역 교육청 또는 지정 학교에서 운영하고 있다. 이들 가운데 교육 수준이나 합격 난이도를 기준으로 굳이 서열을 매긴다면 대학 부설 영재교육원, 교육청 영재교육원, 지정 학교 영재학급 순으로 평가된다. 영재교육원은 주로 수학·과학 부문이 개설되지만, 예체능 등 다양한 분야가 개설되기도 한다.

영재교육원의 선발 기준은 대학 부설 영재교육원의 경우 학교별로 진행해 오던 선발 시험을 없애고 추천과 서류 전형 위주로 신입생을 뽑는데, 영재교육원 선발 기준에서 가장 중요한 평가 요소가 학교 활동이므로 학교에서 수학이나 과학 과목에 두각을 나타내야 하는 것은 물론, 선생님이나 친구들과의 관계가 원만한 학생이 유리하다고 볼 수 있다. 또한 영재교육원 시험은 주로 추천 → 영재성 검사 → 면접 순으로 진행되고, 이 가운데 영재성 검사는 크게 창의성 영역, 언어 영역, 수리공간논리 영역을 측정하며, 모든 영역에서 창의성을 가장 높이 평가하므로 평소 책을 많이 읽고 늘 탐구하는 습관을 갖는 게 도움이 된다.

영어 왕초보 엄마의
영어 영재 만들기

1단계 _엄마표 영어의 필수 전제 조건!
영어 소리에 익숙해지기

TV보다는 영화 보기를 즐겨라　정연이네 집은 텔레비전을 볼 때 늘 외화를 틀어 놓는다. 대신 다른 프로그램은 전혀 보지 않는다. 정연이가 어렸을 때 비디오 가게를 운영했던 이유도 있지만 아빠 엄마 모두 외화를 좋아해 습관처럼 틀어 놓았는데, 그것이 정연이가 영어와 친해질 수 있는 계기가 되었다. 특히 영어는 문자가 아닌 소리 언어이므로 한 귀로 흘려듣더라도 자주 접하는 것이 좋다고 한다. 그러니까 많이 들을수록 영어를 말로 인식하기가 쉽다는 얘기다.

그래서 하루 몇 시간 이상 영어 소리를 노출하기 위해 이른바 '흘려
듣기'를 권장하기도 한다.

정연이는 어려서부터 말하기에 비해 문자에 흥미가 없었다. 그래
서 디즈니 만화영화나 영어 교육용 비디오를 많이 봤는데, 그것이
영어에 대한 관심을 불러일으키는 큰 촉매제가 되었다. 아빠 엄마
또한 집에서는 늘 외국 영화를 보았는데, 정연이는 그것을 아빠 엄
마도 자기처럼 영어 공부를 하는 것이라고 착각(?)해 더 열심히 공
부했던 것이다. 이렇듯 영어를 공부할 때는 무엇보다 환경이 중요
하며, 다른 가족들의 도움도 많이 필요하다.

정연이는 지금도 영어책을 읽다 지루해지면 CSI나 하우스 같은
미드(미국 드라마) 시리즈를 본다. 미국 드라마를 보면서 평소에는 관
심을 갖지 않던 의학과 과학 분야에도 호기심을 갖게 되어, 호러블
사이언스(Horrible science, '앗 시리즈'의 영문판_주니어김영사)나 'Let's

CSI, 하우스 등 미드의 한 장면

read and find out science' 시리즈 ('원리가 보이는 과학' 영문판 - 웅진 씽크빅)도 탐독하게 되었다. 그 전까지는 추리소설류에 치우치는 독서를 했다면, 미드 덕분에 사회나 과학처럼 딱딱한 분야에도 자연스레 관심을 갖게 되었다.

정연이는 지금까지 3000편 정도의 영화를 봤으며, 디즈니 만화영화로 시작해 〈타이타닉〉, 〈오페라의 유령〉, 그리고 미드 시리즈까지 장르를 가리지 않았다. 또한 영화를 보면서 주인공들의 억양이나 몸짓 등을 따라 하며 영어 말하기에 자신감을 갖게 되었다.

정연 엄마가 말하는 엄마표 영어 교육

- 엄마표 영어를 시작할 때 '영어를 잘하겠다!'는 것을 목표로 삼지 말자.

- 운동을 시작해도 워밍업은 꼭 필요하다.

- 영어 공부를 시작하기 전에 영어 노래든 영어 만화든 아이 성향에 맞게 아이가 영어와 친해질 수 있는 시간을 만들어 주자.

- 영어는 글이 아니라 말이다. 소리에 익숙해지면 저절로 따라온다.

- 영어 소리에 익숙해지기만 해도 몇 년치의 학원비를 아낄 수 있다.

- 무작정 책만 보는 것도 처음 시작하는 아이들에겐 고통일 수 있다.

- 영어라는 외국어에 거부감이 없도록 자주 들려주어 익숙하게 만들자.

2단계 _한글 독서는 꾸준히,
영어책 시작은 쉽고 만만한 것부터

정연이는 어릴 때부터 디즈니 만화영화나 영어 비디오 보는 것을
좋아해 어느 정도는 영어에 익숙해져 있었다. 그래서인지 학년이
올라갈수록 영어 독서에도 관심을 보였다. 정연이가 본격적으로 엄
마표 영어를 시작한 것은 초등학교 3학년 가을부터였지만, 엄밀히
말하면 엄마표 영어가 아니라 그냥 영어 독서라고 하는 게 맞다.

영어 독서는 먼저 내용이 재미있으면서 한두 줄 정도로 짧고 쉬운
책부터 시작했다. 아이에게 흥미를 갖게 할 수 있어야 학습 동기도
생길 것 같았기 때문이다. 그리고 책 읽는 것이 공부처럼 느껴지면
금방 싫증을 낼 것 같아 사전을 찾거나 단어를 외우란 말도 하지 않
았다. 무조건 우리말로 된 책을 읽듯이 재밌게 읽을 수 있도록 도와
주었다.

목표는 천 권을 읽는 것이었다. 내용도 쉽고 글도 짧은 책을 읽다
보면 천 권쯤은 부담 없이 해낼 수 있을 거라고 생각했다. 물론 정연
이도 자신 있어 했다.

처음 시작은 정연이 수준보다 1~2단계쯤 낮은 책을 손에 쥐어 주
었다. 그러자 몇 분도 안 돼서 금방 한 권을 다 읽어 버렸다. 그리고
두 권, 세 권, 네 권……. 열 권을 읽는 데 채 한 시간이 걸리지 않았
다. 그래서 이번에는 다시 읽기를 시켰다. 한 번, 두 번, 세 번…….
여러 번 반복해서 읽으니까 문장 전체를 통으로 외웠고 단어의 뜻을

자연스럽게 알게 되었다. 그러는 가운데 어느새 목표로 삼았던 천 권을 다 읽었다. 이렇게 지속적으로 책읽기를 하다 보니 5학년 무렵에는 하루에 5~6시간씩 집중적으로 영어 공부를 할 수 있게 되었고, 그 결과 펠트주니어(PELT Jr., 연령에 맞는 난이도 시험) 1급 시험에서 만점을 받았다. 또 몇 개월 뒤에는 중학교 3학년 경시대회 수준이라는 펠트 스탠다드(PELT Standard) 시험에도 별 어려움 없이 합격했다. 영재교육원 때와 마찬가지로 영어에서도 다독의 힘이 증명되는 듯했다.

그런데 어찌된 일일까? 공부하는 족족 늘어나는 것 같던 정연이의 영어 실력이 어느 순간부터 제자리에 머문다는 느낌을 받았다. 다른 때보다 영어에 할애하는 시간이 많은데도 좀처럼 실력이 늘지 않았다. 그야말로 정체기였다. 아무래도 정연이가 너무 잘 따라 주니 '조금만, 조금만 더' 하는 욕심을 낸 게 화근이었던 것 같다. 결국 정연 엄마는 정연이의 스트레스를 줄여 주자고 결심했다.

"정연아, 오늘부터는 영어 공부 하지 말자. 영어책도 읽지 말고."

"어? 엄마, 왜?"

"으응, 그냥. 정연이가 좀 힘들어 보여서 쉬게 해주려고."

"괜찮은데……. 그러다 영어 잊어버리면 어떡해?"

"호호호. 걱정 마. 공부하면 금방 또 기억날 거야. 그리고 잊어버리면 다시 공부하면 되지 뭐. 안 그래?"

엄마는 정연이에게 잠시 영어 독서 대신 우리글로 된 책만 읽게 해주었다. 영어의 휴식기라고나 할까. 아무튼 정연이가 영어로부터 편안할 수 있게 해주었다. 정연이는 며칠 동안 영어에서 완전히 벗어나 있었다.

그 뒤 신기한 일이 벌어졌다. 그로부터 얼마 뒤 정연이가 다시 영어 공부를 시작했는데, 오히려 전보다 실력이 향상되었음을 느낄 수 있었다. 이보 전진을 위해 일보 후퇴라고나 할까. 아무튼 정연 엄마는 그때 새로운 사실을 깨달았다.

"아, 영어 공부도 우리말과 함께해야 되는 거였구나!"

아이의 영어 독서 수준이 높아질수록 그에 따르는 배경 지식이나 어휘력은 한글 독서로 보충해 주어야 완전하게 자신만의 영어 실력이 되는 것이었다. 영어를 위해 우리말을 소홀히 하는 것은 이것도 저것도 아닌 결과를 가져올 수 있음을 다시 한 번 확인했다.

정연이가 보았던 영어 그림책들

영어책 볼 땐 사전으로 단어 뜻을 찾지 말라고?

대부분의 엄마들은 영어책을 읽어 주거나 읽게 할 때 책에 나오는 단어들을 암기하라거나 완벽한 해석을 이끌어 내려고 하는 경우가 많다. 그러나 우리말로 쓴 책이나 방송에 나오는 내용도 100% 완벽하게 이해하면서 보는 사람은 없다. 영어는 학습이 아니라 언어로 다가가야 한다. 상황에 맞는 이해 능력을 키우기 위해서라도 영어책을 읽을 때 사전은 될 수 있으면 찾지 않는 게 좋다.

대신 그림이나 글을 보면서 모르는 단어는 앞뒤의 상황에 맞춰 스스로 어림짐작해 가며 전체 내용을 미루어 추측하는 훈련이 필요하다. 전체적인 윤곽을 스스로 파악하면 그 다음에는 분석적으로 줄 해석까지 할 수 있게 된다. 처음부터 사전을 찾으면 문장을 해석하려는 습관이 생겨서 빠른 속도(두꺼운 원서)로 듣기가 힘들어지고, 시험을 볼 때 긴 문장의 지문을 독해하기가 어려워진다.

다만, 사전을 찾지 않고 상황을 유추해서 그 의미를 짐작하는 훈련은 엄마표 영어를 시작하는 초기에 주로 해당하는 내용이다. 영어 실력이 아주 좋지 않더라도 6학년 여름방학즈음엔 중학교 내신을 위해 단어와 문법, 그리고 학습서와 독해서 등을 함께 공부하는 것이 바람직하다. 그러나 영어 실력이 비교적 좋은 경우라면 6학년이 되기 전까지는 학습적인 부분은 가능하면 미루고 듣기와 읽기를 주로 하면서 배경 지식을 넓히는 게 더 효율적이다.

마지막으로 가정에서 영어를 시작할 때는 가능한 한 집중해서 하는 것이 좋다. 시간 투자도 돈을 투자하는 것 못지않게 중요하기 때문이다. 다시 말해 영어 실력을 키우고 싶다면 그만큼 영어에 할애하는 시간이 많아야 한다는 것이다.

3단계 _챕터북, 고속듣기 훈련!
하루에 5~6시간씩 투자하기

초등 3년 _챕터북에 도전하기

3학년 가을부터 본격적으로 《매직트리하우스(Magic Tree House)》(총 43권, 《마법의 시간여행》이란 제목으로 한글판도 나와 있다)와 《주니비존스(Junie B. Jones)》(총 24권) 같은 챕터북(80쪽이 넘는 글씨 위주의 책)으로 집중 듣기를 시작했다. 그림이 많고 문장이 짧은 리더스북(읽기용으로 나온 책. 보통 읽기 연습이 목적인 책이다)에서 지문이 많아지는 챕터북으로 넘어가기 위해서는 리딩 레벨* 2.0 수준의 책이 좋은데,

《매직트리하우스》시리즈와 《주니 비 존스》 시리즈

*리딩 레벨: 읽기 수준을 말하며, 보통 미국 학년을 기준으로 나뉜다. 1~2단계는 영어를 어느 정도 접하면 무난히 읽을 수 있는 수준이고, 3~4 단계부터는 점차 수준이 높아지며, 5단계 이상이 되면 글의 분량과 난이도가 높아 웬만한 어른도 어려워하는 수준이라고 한다. 보통 5단계 이상을 무리 없이 읽을 수 있다면 대입 수능에서도 우수한 성적을 받을 수 있다.

이 두 책이 엄마표 영어를 하는 아이들에게는 필독서와도 같다.

이 책들은 시리즈로 되어 있는데, 《매직트리하우스》의 경우는 남녀 모두, 《주니비존스》는 여자아이들이 주로 좋아한다. 정연이는 이 책들로 3개월 정도 집중 듣기를 하다가 둘째 아이 육아 때문에 잠시 영어 학원에 보냈다. 그런데 반 편성을 위해 레벨 테스트를 받았더니 생각보다 단계가 높게 나왔다. 처음 시작하던 1학년 시작 때는 알파벳도 모른 채 무턱대고 뛰어들었는데, 생각하면 놀랄 만한 성과였다.

초등 4학년 _ 영화 보기, 챕터북, 고속 듣기 집중 훈련!(평균 5~6시간)

4학년 때부터는 집중적으로 영어 독서와 영화 보기를 병행하면서 하루 평균 5~6시간을 꼬박 영어 공부에 할애했다. 평균 5~6시간이면 결코 만만치 않은 시간이다.

정연이의 경험으로 보면 엄마표 영어는 무조건 쉬운 책만 접하거나 1~2시간 정도 투자해서는 결코 성공할 수 없는 것 같다. 주변에서 함께 엄마표 공부를 진행하던 가정 가운데 이런 부분을 미처 생각지 못해 실패하는 경우가 많았다. 앞서도 말했듯이 영어에 노출되는 시간이 많으면 많을수록 영어 실력도 높아지는 건 당연한 이치다.

챕터북을 시작으로 《해리포터》 시리즈까지 리딩 레벨 5 정도 수준의 책도 고속 듣기를 하자 실력이 눈에 띄게 향상되었다. 물론 이렇게 매일 하루에 5~6시간씩 집중적인 공부를 할 수 있었던 것은 학교 숙제 외에 모든 시간을 영어 공부에 투자했기 때문이다. 만일 학원을 다녔다면 매일 이런 시간을 확보할 수 없었을 것이다.

영어는 중학교에 들어가기 전에 집중적으로 공부하는 게 좋다. 정연

이가 영어를 가장 열심히 한 시기는 초등학교 4학년으로, 하루에 5~6
시간을 집중적으로 공부했고, 영어 실력도 가장 눈에 띄게 늘었다. 초
등학교 5학년 때는 과학영재교육원 수업에 참여하느라 온전히 영어 공
부에 몰입할 수 없었다. 하지만 다행히 4학년 때 해놓은 공부 덕분에
쉬엄쉬엄 해도 실력이 떨어지지 않았고, 6학년 때는 수능 영어시험에
서 만점을 받을 정도의 수준이 되었다. 중학교에 가서는 영어에 대한
부담이 없어서인지 다른 과목을 공부하는 데 집중할 수 있었다. 덕분에
내신 성적은 늘 상위권을 유지했다.

영어는 수학과 달리 독서력이 받쳐 주면 선행학습도 가능한 과목인
것 같다. 수능 영어 역시 미국 초등학교 5~6학년 수준의 어휘와 배경
지식을 요하는 문제들이 출제되기 때문에 영어책을 많이 읽은 아이라
면 쉽게 풀 수 있다고 생각한다.

초등 5학년 _ '수평선·지평선 읽기'로 영어 실력 꼼꼼히 다지기

정연이가 5학년 때는 과학영재교육원을 일주일에 네 번 다녔기 때문
에 상대적으로 영어책 읽는 시간이 많이 줄었다. 영재교육원에 왔다갔
다 하다 보니 몸이 먼저 힘들다고 반응했고, 학교에 결석하는 날 또한
잦았다.

리딩 레벨 5 정도의 《해리포터》 원서를 보고 있었지만 아이의 컨디
션을 고려해 영화 보기와 리딩 레벨 2 정도의 쉬운 영어책도 함께 읽게
했다.

그런데 나중에 안 사실이지만 이것이 바로 엄마표 영어에서 지나쳐
서는 안 될 '수평선·지평선 읽기'라는 것이었다. 즉 언어의 경우 단순

히 암기에 의해 순차적으로 단계를 밟아 나가는 것이 아니라, 쉬운 수준의 단어들도 보게 해야 한다는 것이다. 이른바 '수평선·지평선' 식으로 어휘를 확장시키고 다져 주어야 비로소 외국어가 자기 언어로 몸에 밴다는 뜻이다. 정연이의 경우 5학년 때 잠시 숨을 고르고 좀 쉬운 챕터북을 여러 권 읽은 것이 오히려 영어 실력을 향상시키는 데 많은 도움이 되었다.

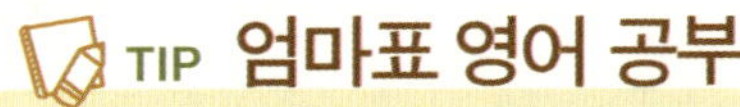

영어는 반복 학습이 더 중요하다.
리딩 레벨 올리기, 그리 급할 필요 없다!

　엄마들이 범하는 가장 많은 오해 가운데 하나가 아이의 리딩 레벨이 높아지면 영어 실력도 함께 높아진다고 생각하는 것이다. 영어책 집중 듣기를 할 때 아이들이 간혹 "엄마, 이거 너무 느려요. 빠른 것으로 바꿔 주세요"라고 말하면 엄마는 아이의 실력이 높아진 것 같아 흐뭇해 한다.

　빠른 시간에 고속 듣기를 한 아이들(리딩 레벨 5 이상, 잠수네 기준 7 이상)은 조금 느린 리더스북 듣기는 지루해 한다. 그래서 듣기 속도를 더 빠르게 해주면 자기가 아는 단어가 나오는 순간 해석할 생각을 하느라 그 뒤에 쏟아져 나오는 빠른 어휘들을 놓치는 현상이 오기도 한다. 또 빨리 발음하는 소리를 들으면 영어 발음을 자기식대로 생각해 버리기 때문에 처음 접하는 어휘의 정확한 발음을 알지 못하게 된다. 따라서 고속 듣기를 하기보다는 리딩 레벨 2나 3 수준의 챕터북을 많이 보는 게 영어 어휘 실력을 향상시키는 데 훨씬 더 도움이 되므로, 가능하면 정확한 발음을 인지하고 넓게 읽히면서 단계별로 천천히 올라가는 것이 좋다.

4단계 _내공이 쌓이면 영어 말문이 트인다. 그때를 놓치지 말고 영어 말하기를 시작하자!

엄마표 영어에서 가장 취약하고 신경 쓰이는 부분은 바로 아이의 영어 말하기 실력이다. 집에서만 학습을 하다 보니 원어민을 접할 기회가 없을 뿐 아니라, 혼자 공부해서 누군가와 대화할 수 있는 정도의 실력을 쌓는다는 것이 쉬운 일은 아니기 때문이다.

학원에 다니지 않고 집에서 영어 독서만으로 외고에 입학한 학생의 경우 독해 능력에 비해 말하기나 문법 실력이 많이 부족해 결국 학원을 다니게 되었다는 이야기가 있다. 물론 아이의 성향에 따라 다르겠지만 이런 경우 영화 보기나 CD 듣기를 게을리한 것이 원인

오디오를 들으면서 책을 따라 읽는 정연이

일 수도 있다.

엄마표 영어에서 영어 독서와 더불어 듣기, 말하기 훈련 또한 놓쳐서는 안 될 부분이다. 정연이도 영어책 읽기와 영화 보기를 통해 영어에 대한 이해와 배경 지식이 쌓이자 입이 근질거리는지 등장인물들의 말을 그대로 따라 하기 시작했다. 엄마는 그때 정연이에게 영화나 CD가 아닌 새로운 영어 파트너가 필요하다고 느꼈다. 그러나 주변에서 영어 말하기 친구를 찾는 일은 쉽지 않았다. 원어민을 만나기 위해 따로 과외를 하거나 학원에 다니는 건 내키지 않았다. 만일 학원을 보내면 책 볼 시간이 그만큼 줄어들기 때문에 가능하면 집에서 공부시키고 싶었다. 그런데 간절히 원하면 통하는 걸까? 여기저기 발품을 팔며 정보를 모은 결과, 아이의 말하기 상대로 교회의 영어 성경 모임과 전화 영어가 있다는 사실을 알아냈다.

전화 영어의 경우 처음부터 교재나 주제를 정하지 않고 프리토킹(free talking)으로 일상적인 이야기를 했다. 그래서인지 말하기를 좋아하는 정연이는 특히 전화 영어를 아주 좋아했다. 한 달에 5만 원 정도로 비용도 저렴한 편이었고 효과도 만족스러웠다. 그리고 6학년 때는 전라북도 글로벌 해외연수 장학생으로 선발되어 밴쿠버 연수를 다녀왔는데, 이것이 영어 말하기를 좋아하는 정연이에게 가장 큰 행운의 선물이었다. 두 달 동안의 홈스테이를 통해 그곳의 문화를 익힐 수 있었고, 책에서는 접해 보지 못한 다양한 경험들이 정연이의 영어 실력에 많은 발전을 가져다주었다.

정연이는 요즘 《트와일라잇(Twilight)》을 완독하고, 이어서 《뉴문

(New Moon)》을 보고 있다. 서서히 영어 소설의 참재미를 알아 가는 것 같다. 이제는 자유롭게 자신의 생각을 정리해서 말하거나 대화를 이끌어 가는 주제도 다양해져서 외국인을 만나도 두려움 없이 대화할 수 있는 수준이 되었다. 그래서 중학생이 된 지금부터는 학습을 위한 공부를 준비하려고 한다.

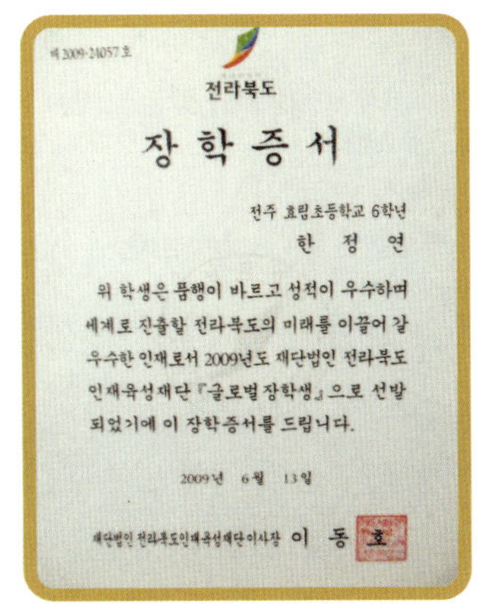

전라북도 글로벌 해외연수 장학증서

초등학교 저학년의 영어 비디오 보기, 자막 없이 봐야 할까? 대부분 엄마표 영어로 진행할 경우 영화 보기를 조언할 때는 자막 없이 보는 것을 원칙으로 한다. 그러나 정연이는 어릴 때부터 한글 자막 비디오를 많이 봐왔다. 교육용 비디오뿐만 아니라 엄마가 운영하는 비디오 가게에 있던 비디오들을 많이 봤기 때문에 자막 없는 비디오보다는 한글 자막이 있는 영화들을 많이 본 것이다. 그래서 영어는 듣고 한글 자막은 읽게 했는데, 이것이 오히려 어휘에 대한 이해력도 돕고 지문도 빨리 읽는 습관을 키워 준 결과를 낳았다. 덕분에 학교 시험에서도 지문 읽는 속도가 빠르고 글의 내용 또한 빨리 파악할 수 있어서 시간이 절약되는 등 여러 가지로 도움이 되었다. 사실 한글 자막을 보아도 영어를 듣는 데 큰 지장이 있는 것은 아니다. 따라서 영화를 볼 때 한글 자막이든 영어 자막이든, 아니면 자막 없이 보든 그건 크게 신경 쓸 필요가 없다.

대신 아이가 고학년이 되면 한글 자막에서 영어 자막으로, 그리고 다음에는 무자막으로 진행해 나가는 것이 좋다. 이때 생활 회화 위주의 영화는 무자막을, 의학이나 법률 영화 등 전문적인 용어가 많이 나오는 경우는 한글 자막을 보는 것이 효과적이다.

문법 공부는 언제쯤 시작하는 것이 좋을까? 엄마표 영어를 하는 엄마들이 가장 궁금해 하는 것 가운데 하나가 파닉스와 문법 공부다. 언제부터 어떻게 시켜야 좋은지 시기와 방법에 대해 많이 묻곤 하는데, 결론부터 말하면 가능한 한 늦게 시작하는 것이 좋다.

사실 영어책 읽기와 듣기를 통해 문자를 접하기 때문에 파닉스와 문법이 체계적으로 잡혀 있지 않을 뿐 그 배경 지식은 아이들 머릿속에 저장되어 있다. 정연이도 초등학교 5학년 때 이미 중학교 3학년 경시 수준의 펠트 스탠다드 시험을 봤지만 문법책을 따로 보진 않았다. 짧은 문장의 책을 자주 반복해 읽으면서 문장을 통째로 암기하는 효과를 가져왔고, 통째로 암기한 문장을 통해 파닉스와 문법의 기본 원리를 은연중에 깨달아 시험을 치는 데 그렇게 어려워하지 않았다. 그러니 우선은 듣기와 읽기에 치중하고 중학교에 입학하기 전인 초등학교 6학년 때부터 문법을 공부 하는 게 가장 바람직하다. 또한 나이와 관계없이 문법 및 학습에 들어가는 시점을 얘기한다면, 리딩 타운(미국에서 성공한 영어 교실)에서 하는 테스트 가운데 미국 3학년 수준으로 잡고 있다(http://www.readingtownusa.com/레벨 테스트 참조).

엄마표 영어의 정체기

**혼자 하는 걸 지루해 한다면 경쟁 심리를 일으킬 수 있는
비슷한 수준의 친구와 함께 공부하는 것도 좋은 방법이다**

엄마표 영어 공부를 진행하다 보면 정체기가 오기 마련이다. 이럴 때는 친구와 함께 공부하는 것도 좋은 방법이다. 정연이도 하루 5~6시간씩 영어 공부에 집중할 때 일부러 수준이 비슷한 친구와 함께 공부하게 했다. 실력이 비슷한 친구와 함께 공부하면 은근히 경쟁심도 생기고, 무엇보다 오랜 시간 공부를 해도 덜 지루해 하기 때문에 훨씬 효과를 높일 수 있다. 정연이와 함께 공부한 친구는 학원에 의존했었는데, 나중에 실력이 크게 향상되었다고 좋아했다. 그뿐 아니라 스스로 공부하는 습관까지 생겨 일석이조의 효과를 보았다. 실제로 그 친구도 정연이와 함께 영어영재교육원에 나란히 합격했다.

영어 인증시험 무엇이 있을까?

• JET: 한국 TOEIC위원회가 초등학생의 영어 능력 평가를 위해 개발한 시험이다. 초등학생의 영어 실력을 객관적·종합적으로 평가할 수 있다. 초등학교 영어 교과 과정을 고려해 변별력 있는 문제를 출제한다.

• PELT: 주로 초등학생과 그 아래 연령대의 어린이나 초보 수준의 영어 학습자들이 주로 보는 시험으로 Kids, Jr., Standard, Main, Plus 등 다섯가지로 구성되어 있고 등급별로 자격증을 받는다. 이 가운데 Main과 Plus는 국가 공인 영어 자격시험이다.

• TOSEL: 초등학교 저학년과 고학년, 중학교, 고등학교, 대학생 및 일반

인을 나누어 각기 다른 수준의 문항으로 영어 능력을 측정하는 시험이다. 초등학생부터 대학생까지 난이도가 같은 시험을 치르는 미국 주도형 시험의 문제점을 우리나라 현실에 맞게 개발한 것이다. 다른 시험과 달리 읽기, 쓰기, 말하기, 듣기의 네 영역을 모두 평가하는 것도 특징이다.

- TOEIC Bridge: 영어 초·중급자를 대상으로 시행되는 국제 표준 시험이다. 초·중·고 학생들의 실용 영어 능력 평가에 활용된다.

- TOEIC: 영어를 모국어로 사용하지 않는 사람들을 대상으로 일상생활이나 국제 업무 등에 필요한 실용영어 능력을 평가하는 시험이다. 비즈니스 커뮤니케이션 능력 측정에 목적이 있는 만큼 실용영어에 중점을 두고 있으며, 듣기와 독해를 각 100문제씩 푼다. 990점이 만점이다.

- TEPS: 서울대학교 언어교육원에서 만들어 낸 국가 공인 영어시험이다. 청취, 문법, 어휘, 독해에 걸쳐 모두 200문항이 출제되며 990점이 만점이다. 의사소통 능력을 정확하게 측정하는 시험으로 정치, 경제, 문학 등 다양한 분야를 주제로 하기 때문에 초등학생에게는 조금 어렵다.

- IET: 초등학교 3학년~고등학교 3학년이 주로 보는 시험으로 연간 2회 영어 듣기, 독해, 어휘, 문법에 대한 인증 평가 시험이며, 평가는 부문별·학년별로 실시된다. 따라서 학년별로 등급에 따른 영어 학력 인증서를 발급한다.

- IBT 토플: 미국 등 영어권 국가의 대학 또는 대학원에서 외국인의 영어 능력을 평가하는 시험이다. 즉 미국 대학에서 하는 수업을 이해하고 리포트를 작성하는 등 철저하게 미국 대학 생활을 그대로 시험에 적용하는 것으로 국제적으로 가장 신뢰받는 시험이다. 외국 학생들의 수학 능력을 측정하기 때문에 인터넷을 기반으로 시험을 치르며, 120점 만점에 시험 시간은 4시간이다.

엄마표 영어,
정말 책읽기만으로 가능할까?
― 엄마표 영어의 성공 조건

　정연이는 1300권 정도의 챕터북을 보았고 리더스북은 5000번 정도 반복해서 읽는 등 순수하게 책과 영화만으로 효과를 보았다. 6학년 겨울방학 때 우연히 레벨 테스트를 보러 갔다가 성적 우수자 장학생 대우를 받고 잠깐 무료로 대형 어학원에 다닌 적이 있었다. 그때 같은 반 아이들은 대부분이 해외에서 4~5년 넘게 살다왔다는데, 회화와 문법 시험에서 정연이가 제일 높은 성적을 받았다. 순수 토종이 해외파들을 제치고 1등을 차지한 것이다. 이렇듯 엄마표 영어만으로도 충분히 상위 1% 정도의 영어 실력이 나올 수 있다.

　현재 정연 엄마는 한 온라인 카페 지역 모임방(네이버 카페 상위 1% 커뮤니티 전북 지역 모임방)을 통해 엄마표 영어와 관련한 상담을 해주거나 자신의 생각을 올리고 있다. 실제로 엄마표 공부를 진행하는 엄마들은 어떤 점을 궁금해 할까? 그들의 고민을 통해 엄마표 영어 성공의 조건을 알아보자.

Q. HONG**

아이들이 영어책보다 DVD 보기를 더 좋아하네요. 엄마표 시작한 지 석 달째. 마음이 초조합니다. 초등학교 3학년 아이는 걱정이 덜한데, 큰애는 초등학교 6학년이라 이대로 두어도 괜찮을지 걱정이 많이 되네요. 어떻게 하면 좋을까요?

A. 정연 엄마

불안하시면 대형 어학원에서 레벨 테스트를 한 번 받아 보세요. 비용이 1~2만 원쯤 들지만 테스트를 받으면 우리 아이의 부족한 부분을 구체적으로 알 수 있습니다. 또 실력이 어느 정도 되는지도 한눈에 볼 수 있어요. 그러니까 테스트 내용을 기준으로 학원표를 할 것인지 엄마표와 병행할 것인지를 결정하세요. 우리 아이의 경우는 몸이 약해 어쩔 수 없이 엄마표를 진행했지만 학습면에서 학원표보다 훨씬 효과가 있었다고 생각합니다. 하지만 무조건 '학원보다는 엄마표가 효과가 있다'고 말할 수는 없어요. 아이의 성향에 따라 집에서 혼자 공부하는 것보다 여럿이 공부하는 게 더 효과적인 아이들도 있거든요. 그러니 먼저 아이의 성향을 잘 살펴보세요. 그리고 아이들이 DVD를 좋아하면 우선순위에 두셔도 좋습니다. 그러나 6학년 아이의 경우는 학습이 병행되어야 하니까 학원을 다닌다면 일주일에 한두 번 DVD를 보여주고, 주말에 소화할 수 있는 정도의 챕터북을 보여주시면 좋을 것 같네요. 또 엄마표로 하신다면 목표를 세워 인증 시험을 보게 하는 것도 좋은 방법이에요.

Q. 뚜＊＊맘

초등학교 4학년 여자아이 엄마에요. 학원 경험은 전혀 없고 줄곧 집에서 책 보며 엄마표로 공부했어요.

머칠 전 대형 학원에서 레벨 테스트를 받았는데 생각보다 레벨이 낮게 나왔어요. 아이 말이 자기가 아는 내용이 거의 없었다는 거예요. 우리 아이는 주로 읽기 레벨 3.0~4.0의 책과 얇은 소설류 등을 읽었고, 따로 문법 같은 학습서는 풀지 않았어요. 그런데 이번 테스트에는 비소설류의 지문들이 많이 나왔대요. 아이가 너무 한쪽으로만 치우쳐서 책을 읽은 건 아닌가 걱정도 되고, 문법이나 어휘 학습서를 공부해야 하나 고민도 됩니다. 조언 부탁드려요.

A. 정연 엄마

저희 아이의 경우 챕터북도 많이 봤지만 문장이 한두 줄뿐인 비교적 쉬운 책들을 많이 접하면서 문형을 통째로 암기했어요. 그래서 그런지 문법 문제는 대강 감으로 맞혔다고 합니다. 아직 학년이 낮은데 대형 학원 테스트에 비소설류가 나온다고 싫어하는 종류의 글을 억지로 익힐 순 없지 않을까요? 영어 테스트가 목적이 아닌 이상 길게 보시고 계속 아이가 좋아하는 책들을 많이 읽게 해주세요. 저희 아이도 추리소설류를 좋아해서 그쪽으로만 많이 읽었지만 시간이 지나면서 다른 종류의 지문도 읽고 이해할 수 있게 되었어요. 읽기 싫어하는 비소설류의 영어책보다는 오히려 같은 수준의 한글 독서를 병행한다면 영어의 배경 지식도 향상되니까 너무 걱정 마시고 꾸준히 책읽기를 시키세요. 저도 처음엔 걱정이 많아서 여러 고수님께 조언을 부탁드렸는데, 모두 한결같이 꾸준한 책읽기가 열쇠라고 말씀하시더군요.

Q. 다니엘라

엄마표로 영어를 진행하고 있습니다. 읽기 레벨은 이제 리더스북 정도이고 저학년 챕터북 진행을 목표로 하고 있습니다. 1000권 읽기에 도전 중인데, 한두 줄짜리 책도 많고 해서 소리 내어 읽게 했더니 틀리는 발음이 많아서 그런지 아이가 소리 내어 읽기를 싫어하네요. 그렇다고 묵음으로 읽게 하자니 제대로 읽는지 알 수가 없어서요.

A. 정연 엄마

따라 말하기는 소리를 들을 때 유도하시구요, 리더스류는 본인이 스스로 소리 내어 즐기지 않으면 묵독으로 시키세요. 그리고 묵독

했을 때 아이가 미덥지 않거나 꾀부린다고 생각되면 리더스류 읽기는 뒤로 미루세요. 아직 적기가 아니라는 생각이 듭니다. 영어책 읽기는 엄마가 시키는 게 아니라 유도하는 거라고 생각해요. 따라 말하기 1000권 하면 좋을 것 같지만, 오히려 아이가 책읽기를 싫어할 수도 있어요. 1000권 읽기 할 때는 반복해서 해주시고(반복하면 문형을 저절로 암기하게 되거든요), 목표를 달성했을 때는 적절한 보상도 필요합니다. 정연이는 책읽기를 완료하면 하루 종일 영화를 볼 수 있게 해줬어요. 영화가 좋아서 상금 같은 것도 싫다고 하더라고요. 개인적으로 리더스류 많이 읽기(일명 쉬운 책 1000권 읽기)는 리딩 레벨 5(해리포터급 이상) 정도거나 집중 듣기를 고속 듣기까지 한 뒤에 본격적으로 들어가는 게 수월할 것 같네요.

Q. 열＊＊맘

예비 초등학교 6학년이면 이제 중학교 단어 공부를 따로 시켜야 할까요? 우리 조카들 보니까 중학교에 들어가더니 다들 단어집 들고 외우던데, 이제 우리 아들도 시작해야 하나요? 이래저래 맘이 바빠지네요.

아직까지는 독해와 문법책 한 권씩 공부하고 나머지 시간은 영어책 읽기를 하고 있어요. 그러다 보니 사실 단어 외우기는 거의 안 하고 있지요. 물론 저랑 읽으면서 단어 바로 외우기는 하지만 단어장이란 것도 만들어 본 적 없고, 따로 단어를 들고 다니면서 외우지도 않았고, 단어 시험을 쳐 본 적도 없어요. 독해나 문법책에 나오는 단어는 외우게 하지만 원서를 읽으면서는 모르는 단어가 나와도 외우지 않아요.

잠수네에서도 따로 단어 찾고 외우기에 집착하지 말라고 해서요. 근데 이제 중학교 입학을 앞두고 보니 맘이 달라지네요. 급해진다고나 할까. 지금 아들 영어 수준은 사실상 그리 높지 않아요. JET 2급 수준입니다.

A. 정연 엄마

JET 2급 수준이면 단어 외우기보다는 책읽기와 영화 보기를 많이 하는 게 더 좋을 것 같네요. 영어 공부가 좋아진 다음에 학습서 단어로 들어가는 게 좋거든요. 아직 영어 공부를 좋아하지 않을 거 같은데, 한 번 물어보세요. 그리고 중학교까지는 아직 1년 남았으니까 단어 공부는 여름부터 하셔도 될 것 같은데요. 미리 해봤자 다 까먹어요.

엄마표 가정학습 실패하지 않고 성공하려면?

매월 학습계획서를 써보자 계획성 없이 시작한 엄마표는 아이와 엄마 모두를 지치게 할 수 있다. 처음 가졌던 마음과 달리 계획은 번번이 공수표가 되고 강제성이 없으니까 엄마표 학습의 속도는 더딜

수밖에 없다. 정연 엄
마 역시 1학년 겨울방
학 때부터 엄마표 영어
를 시작했지만, 2학년
때는 남편의 교통사고
와 가게 창업 등의 이
유로 엄마표 영어를 지
속할 수 없었다.

아이의 학습이 우선
순위가 되어야 하지만
가정에서 진행하다 보
니 종종 불가피한 상
황이 생기면 아이의
공부는 2순위로 밀리
게 된다. 그래서 교육
비도 저렴하고 평판도
좋은 영어 학원에 석

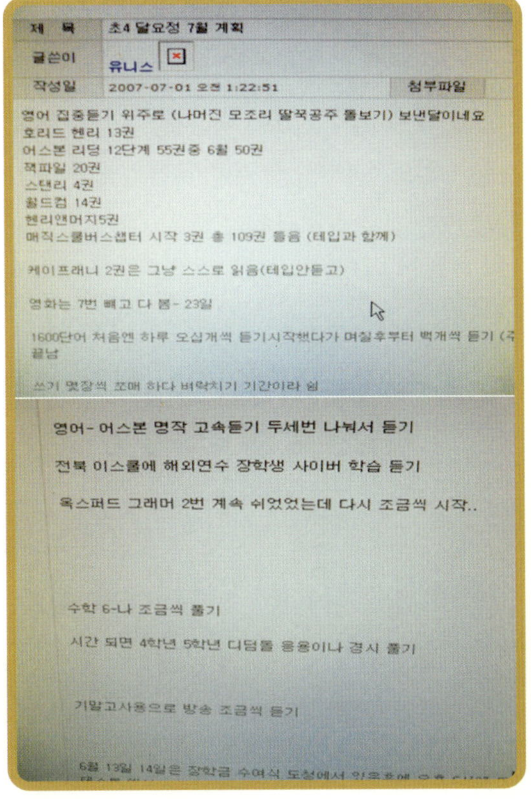

정연 엄마가 쓴 정연이의 학습계획서

달 정도 맡긴 적이 있었는데, 학원 커리큘럼에 맞추다 보니 엄마표
만큼의 효과를 기대하기가 어려웠다. 그래서 결국 4학년 때부터는
엄마 스스로 매달 아이의 학습계획서와 학습일지를 쓰면서 본격적
으로 가정학습을 시작했다.

그 가운데 특히 학습계획서는 매달 아이가 공부할 내용과 양을 미

리 정하는 것이기 때문에 한 달 단위로 체크하면서 엄마표 학습의 속도를 높일 수 있었다. 또 계획서를 작성할 때는 일부러 공부할 양을 목표보다 약간 높게 잡아서 엄마 역시 엄마표 진행에 게을러지지 않도록 했다. 그러나 학습일지는 아이가 자주 아파 꾸준히 작성하는 것조차 힘들었다.

엄마표 진행이 막막하거나 힘들 때는 비슷한 상황에 있는 엄마들과 정보를 공유하라

엄마표 학습의 가장 큰 걸림돌은 바로 엄마의 불안과 조바심이다. 요즘은 온라인상에서 엄마표 학습과 관련해 많은 엄마들이 경험담을 블로그에 올려놓고 있으며, 영어 학습 관련 커뮤니티를 통해서도 활발한 정보 교류가 이루어지고 있다. 정연 엄마도 영화 보기를 시작으로 엄마표를 진행하다가 뒤늦게 엄마표와 관련된 책과 온라인 사이트를 통해 도움을 많이 받았다. 그러니 다른 아이들보다 뒤처진 것 같아 불안할 때는 비슷한 상황에 처했던 경험자들에게 쪽지를 보내거나 관련 정보들을 모아 불안함을 극복해 보자.

그리고 엄마표는 가정에서 진행하기 때문에 자칫 포기할 가능성이 많은데, 비슷한 경험을 가지고 있는 가정과의 정보 교류는 엄마표를 포기하지 않고 계속할 수 있는 원동력이 되기도 한다.

① 쑥쑥닷컴 http://www.suksuk.co.kr
② 잠수네 아이들 http://www.jamsune.com
③ 솔빛이네 엄마표 영어연수 http://www.dialog.co.kr/shop/Solvit/index.php

엄마표 영어의 딜레마,
우리 아이의 영어 실력은 어느 정도일까?

영어 인증시험 및 어학원 레벨 테스트를 적극 활용하자! "아이가 집에서 엄마와 공부하다 보면 긴장감이 없어지죠. 그래서 정연이는 학원 레벨 테스트를 즐겨요. 인정받고 싶은 욕구도 있고 실력이 늘었다는 걸 느끼면 자신감도 생기고 기쁘니까요."

엄마표 영어는 학습으로 출발한 것이 아니라 순수하게 아이의 흥미를 유발할 목적으로 출발하기 때문에 적절한 동기 부여가 이루어지지 않으면 자칫 슬럼프에 빠지기 쉽다. 또한 엄마는 아이의 실력이 어느 정도인지 알 수 없어 자꾸 불안감을 느낀다. 그래서 정연 엄마는 아이에게 적절한 학습 동기를 부여하고 엄마의 조바심도 잠재우기 위해 영어 인증시험이나 어학원에서 진행하는 레벨 테스트를 자주 보았다. 학원에서는 테스트가 계속 이루어지지만 가정에서는 아이의 실력이 어느 정도인지 잘 모르기 때문에 영어 인증시험을 치면 동기 유발이 된다.

정연이도 영어 인증시험에 합격하면서 스스로 영어 공부에 몰입했고 더욱 재미를 붙였다. 그리고 그 뒤부터는 점점 단계가 높은 인증시험도 즐겁게 보았다. 특히 6학년 때는 그해 수능 영어 듣기 문제에서 만점을 받았다. 이후 정연이는 집에서 공부해도 충분히 영어를 잘할 수 있다는 자신감을 얻었다. 그러니까 아이의 자신감을 북돋워 주기 위해서라도 충분히 합격할 수 있는 영어 인증시험에 도전해 보는 것이 좋다.

　또한 각종 어학원에서 이루어지는 레벨 테스트는 엄마표 영어의 현재 상태를 보다 객관적인 시각에서 점검해 볼 수 있는 가장 좋은 방법이다. 정연 엄마 역시 엄마표를 진행하면서 시행착오도 많이 했지만, 중간중간 어학원 레벨 테스트를 통해 정연이의 실력과 수준이 어느 정도인지 비교할 수 있었다. 또한 그 결과를 바탕으로 앞으로 보충할 것을 판단하고 영어 학습의 방향을 잡을 수 있었다. 영어 전공자가 아닌 평범한 엄마들이 엄마표를 진행하면 학습을 제대로 하고 있는지 불안해 하는 경우가 많은데, 이럴 때는 일정 기간마다 영어 인증시험이나 학원 레벨 테스트를 받아 보자.

　다음은 정연이가 2010년 1월 10일 한 어학원에서 받은 레벨 테스트 내용이다. 자신의 위치와 실력을 구체으로 파악하고 앞으로 어떻게 공부애야 하는지에 대한 코멘트가 담겨 있어 엄마표를 진행할 때 많은 도움이 되었다.

학원에서 외국인과 프리토킹하는 정연이

테스트 결과는 4C입니다

4C 레벨은 미국 초등학교 4학년 7~9개월 정도 공부한 수준입니다. 이 레벨은 tester가 reading을 하면서 책 내용의 속뜻까지 파악할 수 있는 단계입니다. 해당 학생들은 미국 학년 기준 저학년을 벗어나 고학년으로 진입하는 시기로, 본격적인 Chapter Book을 읽어야 합니다. 읽는 양이 늘어나고 내용이 길어지므로 한 번에 읽는 양과 시간을 정해 놓고 읽는 훈련을 해야 합니다. 한국 학생의 경우 평균적으로 외국에서 3년 이상 학교를 다닌 초등학교 고학년 아이들과 중·고등학생 및 대학생들이 4C 레벨의 결과를 받고 있습니다.

• 자신의 한국 학년과 같은 레벨일 때

같은 나이의 미국 학생들과 동일한 reading 실력을 가지고 있습니다. 굉장히 높은 영어 실력을 갖추고 있다고 할 수 있습니다. OOO에서 공부를 하는 경우 두 단계 이상 낮추어 양질의 도서를 읽으며 좀 더 튼튼한 영어 실력을 쌓기를 권해 드립니다.

• 초등학생인 경우

초등학생으로서 상당히 높은 영어 실력을 가지고 있습니다. 학교에서도 영어 실력이 Top일 경우가 많습니다. 어릴 때부터 다양한 종류의 영어책을 꾸준히 접해 왔거나 외국에서 학교를 다닌 경험이 있는 경우라고 볼 수 있습니다. 3C 레벨 학습부터 시작해서 다양한 종류의 동화책을 읽으며 Reading 실력을 점차 향상시켜 나가기를 권해 드립니다.

• 중 · 고생인 경우

훌륭한 reading 실력을 갖고 있으므로 자신감을 가져도 좋습니다. 고 등학생의 경우 수능시험 외국어 영역 부문에서 높은 성적을 받을 수 있는 실력입니다. 본격적인 chapter book을 통해 critical thinking과 comprehension test를 연습할 수 있는 4A 레벨 학습부터 시작하기를 권해 드립니다. 영어 sense를 잃지 않기 위해 꾸준히 공부하세요.

• 성인인 경우

그동안 영어를 꾸준히 공부 해온 실력입니다. 영어 잡지나 원서 등을 잘 읽을 수 있는 정도의 실력으로 향상시키고 싶다면, 3A 레벨 학습부터 시작해 기초를 튼튼히 다지겠다는 마음으로 속도를 내어 공부하시기를 권해 드립니다.

엄마표 영어,
초보 엄마에게 보내는 조언

❶ 영어책을 무조건 읽게 하기보다는 먼저 영어 소리에 익숙해질
시간이 필요하다. 생활 속의 사물을 영어로 인지할 수 있으면
그때 영어책을 보여주자.

❷ 영어보다는 한글 도서를 많이 읽히자. 배경 지식만큼 영어 실
력도 올라간다. 영어 정체기가 찾아올수록 한글 책읽기를 통해
어휘력을 높여라.

❸ 실패를 두려워 말자. 실패를 해야 내 아이에게 맞는 영어 교육
법도 알게 된다. 쓰기, 읽기, 말하기, 듣기는 아이마다 잘하는
것이 다르다. 먼저 내 아이의 성향을 파악하자. 단, 반복을 좋아
한다고 반복만 시키지는 말 것! 반복은 암기라는 함정이 있다.

❹ 교재를 안 본다고 아까워하지 말자. 내 아이가 좋아하는 교재는 어딘가에 숨어 있다. 아이에게 맞는 교재를 찾는 비용도 실은 학원비보다 덜 들어간다. 바꿔야 한다면 과감하게 바꾸자.

❺ 영어가 아닌 영화를 좋아하게 만들자. 영화 보기가 취미가 되면 언어는 그냥 따라온다.

❻ 읽기 레벨은 항상 2~3단계 아래부터 시작하자.

❼ 수능을 위한 공부를 할 것인가, 영어를 잘하는 공부를 할 것인가? 아이의 성향에 맞게 공부법을 선택하자. 무조건 남들이 하는 방식을 따라 하면 실패할 확률이 높다.

❽ 고속 듣기(리딩 레벨 5 정도, 잠수네 기준 7)까지 진행한 뒤에 한글 단어장을 만들자. 한글 단어를 미리 공부하면 훗날 빠른 영어 소리를 감지하지 못하고 드문드문 해석하려는 경향이 생겨서 장문의 글을 접할 때 힘들어 한다.

❾ 한글 단어장을 만들기 전에는 가능한 한 영영사전을 많이 보자. 영어로 사고하고 영어로 받아들이는 것이 중요하다.

❿ 인터넷 강의든 영화 보기든 부모가 같이 하면 혼자할 때 집중을 잘 못하는 아이들도 재미있게 공부한다. 엄마표의 장점을 십분 발휘하자.

⓫ 작은 칭찬에 인색하지 마라. 다른 아이 점수에 연연해 하지 말고 우리 아이가 1점이라도 올라가면 마구 칭찬해 주자. 작은 과정에 기뻐하라.

⓬ 가늘게 꾸준히보다는 굵고 길게 집중해서 공부하자. 아이의 능

력에 맞게 흘려듣기 또는 영화 보기 등 다른 활동을 포함해서
영어 노출 시간을 점점 늘리는 것이 중요하다.

엄마표 영어 주의!
성공한 엄마표를 그대로 따라 하기보다는
내 아이의 성향을 먼저 파악하라

엄마표 영어는 주로 재밌고 읽기 쉬운 흥미 위주의 책들로 시작하
는데, 이것이 어느 정도 탄력을 받았다고 생각되면 논픽션류로 넘
어가야 한다. 그리고 책을 볼 때도 일정 단계(레벨)가 되면 흥미 위주
의 책과 학습 위주의 책을 균형 있게 보여줄 필요가 있다. 물론 두
가지를 조화롭게 유지하면서 아이에게 영어에 흥미를 느끼도록 해
주는 게 가장 힘든 일이긴 하다.

또 엄마표 관련 책과 정보 등을 토대로 엄마표 영어를 시작하려고
할 때 많은 엄마들이 정보에만 의지해서 진행하려는 경우가 있다.
그런데 자기 아이의 수준이나 성향 또는 학원에서 공부해 온 것들은
고려하지 않고 무조건 성공한 엄마표를 그대로 따라 하는 경우 대부
분 실패할 확률이 높다. 성공한 엄마들의 교재나 학습법을 무조건
따라 하기보다는 먼저 아이의 성향을 파악하고 적절한 난이도의 책
과 시간, 금전적인 투자 등을 결정해야 한다.

영어를 즐겁게 할 수 있도록 도와준
엄마께 감사해요~

저는 어려서부터 자주 아파 학원에 갈 수가 없어서 엄마표 학습을 시작했는데요, 저를 누구보다 잘 아는 사람은 부모님이니까 그 점이 좋은 것 같아요. 예를 들어 제가 아플 때는 '음, 오늘은 정연이가 아프니까 푹 쉬면서 영화를 볼 수 있게 해줘야지' 하시며 엄마가 제 컨디션에 맞추어 공부할 양을 조정해 주셨어요.

엄마가 전 과목 전문 학원 선생님이 아니기 때문에 모르는 게 있는 건 당연해요. 하지만 저희 엄마는 저와 함께 알아보거나 제가 스스로 찾게 해 주셨어요. 이런 것을 자기주도학습이라고 하던가요? 처음에는 엄마가 공부할 것을 정해서 "정연아, 오늘은 OO 문제집을 풀어. 정연아, 오늘은 영화 봐"라고 말씀해 주셨는데, 지금은 공부가 습관이 돼서 제가 알아서 하는 편입니다.

제 생각으로는 엄마표 학습으로 제일 큰 효과를 본 건 아무래도 저 자신에게 맞는 공부 유형을 찾을 수 있었다는 것입니다. 어떤 친구는 외워야 공부가 잘 되고, 어떤 친구는 이해를 해야 공부가 잘 된다고 해요. 그리고 어떤 친구는 연습장에 쓰면서 공부해야 이해가 간다는데, 다른 친구는 눈으로만 봐도 이해를 할 수 있대요. 이것처럼 영어 공부도 저마다 잘할 수 있는 방법이 다 다른데, 저는 책과 영화를 통해 영어에 재미를 느꼈습니다.

하지만 책과 영화를 본다고 모두 영어 공부를 재미있어 하는 건 아닌 것 같아요. 여러 방법을 생각하고 경험해 보면 자신에게 가장 잘 맞는 학습법을 찾을 수 있습니다.

또 다른 효과는 영어를 무지 좋아하고 즐기게 되었다는 거예요. 예전에는 영어의 필요성은 물론 재미도 느끼지 못했는데, 집에서 엄마랑 함께 공부 하면서는 학습 위주가 아니라 취미로 책을 접해서인지 저 자신이 영어를 수학이나 과학처럼 딱딱한 과목으로 보지 않게 되었어요. 영어 교과서와는 별개로 제가 좋아하는 것 위주로 영어책을 봐서 더 좋은 것 같아요.

정연이가 가장 좋아하는 영어 도서
- 《Twilight》_Stephenie Meyer 저, Little Brown & Co
- 《The Tiara club》_Vivian French 저, Oxchard Books
- 《Horrible Science》_Nick Arnold 저, Scholastic

영어책을 고르는 노하우

• 영어책 쉽게 접근하는 방법

엄마표 영어를 할 때 난감한 것 가운데 하나가 영어책을 선정하는 것이다. 영어책은 미국교사협회(NEA: National Education Asociation)가 1999년에 조사한 '교사 추천 100대 아동 도서'와 '아동 애독 100대 도서', 2007년에 조사해서 발표한 '교육자 추천 100대 아동 도서' 그리고 영국의 독서운동 단체 북트러스트(Booktrust)가 2008년 2월에 발표한 '50대 최고 아동 도서 목록' 등이 좋은 길잡이가 되어 줄 것이다.

이것은 영미권 아이들이 현재 읽고 있는 책일 뿐 아니라 엄마들이 좋아하는 칼데콧상이나 뉴베리상 등 아동문학상 수상작들이 다수 포함되어 있으므로 다양한 경험을 아이들에게 선물할 수 있다. 또한 미국 도서관협회(ALA)에서 나온 '2008년 주목할 만한 어린이책'이라는 자료에서는 0~14세 아이들을 younger · middle · older readers · all ages로 미국교사협회에서는 baby-preschool · 4~8세 · 9~12세 · 13~18세 · all ages 등 연령별로 책에 대한 가이드라인을 제시하고 있어 연령별 영어책을 고르는 데 별로 힘들이지 않을 수 있을 것이다.

• 정연 엄마의 영어 도서 선택 기준

❶ 집에 있는 한글 도서를 살펴보고 번역서가 있는 책을 산다. 한글 책과 병행해서 읽을 수 있다.

❷ 아이가 좋아하는 장르는 공부에 도움이 되지 않더라도 산다. 한 가지 관심이 그물처럼 뻗어 다른 영역으로 확장되니 걱정할 필요 없다.

❸ 인터넷 영어 서점과 사용 후기 등을 참조해서 베스트셀러는 무조건 구

입한다. 서점마다 베스트셀러가 달라서 자주 비교해야 하지만 베스트
셀러는 나름의 이유가 있다.

❹ 좋아하는 영화와 같은 내용의 도서는 무조건 구입한다. 영화에 이어
책을 읽으면 그만큼 영어 노출 시간도 늘어나고 영어 실력도 높일 수
있다.

❺ 전집 영어 도서 세트는 무조건 산다. 단행본보다 작가가 많아 어휘 확장
과 문법에 도움이 된다. 또한 다양한 경험담을 통해 시야가 넓어져 사고
의 폭을 늘리는 효과도 있다.

❻ 꼭 CD나 테이프가 함께 있는 것을 선택한다. 파닉스를 했다고 영어를
다 읽을 수 있는 건 아니다. 책을 볼 때는 꼭 CD나 테이프로 듣게 한다.

❼ 학원과 병행하면서 영어 도서를 읽힌다면 학원 교육과는 반대로 도서
를 구입한다. 이를테면 학원이 쉬운 레벨이면 집에서는 딱딱한 어휘를
익힐 수 있는 논픽션류의 얇은 도서를, 학원 교재가 어렵고 난이도가
높으면 집에서는 쉬운 책을 읽혀 영어에 질리지 않도록 해준다. 학원과
집에서 각각 모자라는 영역을 채워 주도록 한다.

정연이가 읽은 연령별 영어 도서 리스트

유아기
· 플래시 사물 영어 카드

취학 전
· 메이지 입체북 시리즈(Kizdom)

1학년
· 옥스퍼드 리딩트리(Oxford Reading Tree)
· 리딩 스텝(Reading Step)
· 런투리드(Learn to Read)

2학년
· 돌핀 리더스 1~4단계(Dophin Readers)_Oxford University Press
· 탄탄 스타트 잉글리시 시리즈(Tan Tan Start English)_여원미디어
· 아이캔 리드북 시리즈 1, 2, 3단계(An I Can Read Book)_Harper Trophy
· 제이와이북 단행본 도서들_문진미디어

3학년
· 매직트리하우스 시리즈(Magic Tree House)_Mary Pope Osborne 저, Random House
· 주니비존스 시리즈(Junie B. Jones)_Barbara Park 저, Random House
· 호리드헨리 시리즈(Horrid Henry) Francesca Simon 저, Orion
· 네이트 더 그레이트 시리즈(Nate the Great)_Marjorie Weinman Sharmat 저, Dell Publishing
· 아서 어드벤처 시리즈(Arthur Adventure)_Marc brown 저, Little

Brown and Company

· 내셔널 지오그래픽 24권＿시사
· 헨리 앤 머지(Henry and Murge)＿Cynthia Rylant 저, 시사영어사
· 네오키드 픽처북스 영문 시리즈, 중앙교연 영어 위인동화 시리즈
· 미국 교과서 리터러시 플레이스 Grade 1,2(Literacy Place)＿Scholastic

4학년(리딩 레벨 2부터 5까지 서서히 올라감)

챕터북류

· 드룬의 비밀(The Secrets of Droon)＿Tony Abbott 저, Scholastic
· 앤드류 로스트(Andrew Lost)＿ J. C. Greenburg 저, Random House
· 제로니모 스틸턴(Geronimo Stilton)＿Geronimo Stilton 저, Scholastic
· 직소 존스 미스터리(Jigsaw Jones Mystery)＿ James Preller 저,
Scholastic
· 잭 파일(The Zack Files)＿Dan Greenburg 저, Grosset & Dunlap
· 스펀지밥 시리즈(Spongebob SquarePants)＿Annie Auerbach 저, 고릴
라박스
· 로알드 달 시리즈(Roald Dahl Series)＿Puffin Books
· A TO Z 미스테리(A TO Z Mysteries)＿Ron Roy 저, Random House
· 샬롯의 거미줄 (Charlotte's Web)＿E. B White 저, Harpercollins
· 라모나 시리즈(Ramona)＿Beverly Cleary 저, Listening Library
· 매직 스쿨버스(The Magic School Bus)＿Joanna Cole 저, Scholastic
· 해리포터 시리즈, 나니아 연대기 시리즈, 프린세스 다이어리 시리즈
· 앰버브라운 시리즈(Amber Brown)＿Paula Danziger 저, Scholastic

리더스류

· 어스본 영 리딩 1~2단계(Usborne Young Reading)＿문진미디어
· 헬로리더 120권(Hello Reader)＿Scholastic
· '원리가 보이는 과학' 원서 100권＿웅진
· 세상에서 가장 쉬운 파닉스 스토리북＿문진미디어
· 옥스퍼드 스토리랜드 리더스 12단계까지(Oxford Storyland Rea-
ders)＿Penguin Young Readers

· 문진 미디어의 스토리텔 2, 제이와이북의 입체북

5학년

챕터북류
· Monster manor_Paul Martin & Manu Boisteau 저, Volo
· The Time Warp Trio_Lane Smith 저, Penguin Putnam
· Terry Deary's Historical Tales 시리즈_Terry Deary 저, A & C Black
· A Shakespeare Story 시리즈_Andrew Mattews·Tony Ross 저,
  Orchard Books
· Nancy Drew 시리즈_Carolyn Keene 저, Simon & Schuster
· Encyclopedia Brown 시리즈_Donald J. Sobol 저, Penguin USA
· Edgar & Ellen 시리즈_Charles Ogden 저, Aladdin Paperbacks
· Judy Blume 시리즈_Judy Blume 저, Puffin
· Judy Moody 시리즈_Megan Mcdonald 저, Walker Books
· 매직트리하우스, 주니비존스 등 4학년 때 본 챕터북 두 번째 반복

리더스류
· 어스본 영 퍼즐(Usborne Young Puzzle)_Usborne
· 베렌스타인 베어스 60권(The Berenstain Bears)_Stan & Jan
  Berenstain 저,
· Random House books For Young Readers
· 리틀 크리터 시리즈(Little Critter)_Mercer Mayer 저, Random House
· 밀리몰리 시리즈_기탄

고속 듣기
· Usborne Classics Retold 시리즈 가운데 절반 정도

6학년
· 호러블 사이언스 역사·의학 편 40권(Horrible Science)_Nick Arnold
  저, Scholastic
· 김영사에서 펴낸 '앗! 시리즈'의 영문판

· Dear Dumb Diary_ Jim Benton 저, Scholastic
· Diary of A Wimpy Kid 12편_ Jeff Kinney 저, HBG
· 케이티 카주(Katie Kazoo)
· Usborne Classics Retold 시리즈 몇 권 정도
· 트와일라잇(Twilight), 뉴문(New Moon)_ Stephenie Meyer 저, 북폴리오

리더스류

· Froggy 시리즈_London,Jonathan 저, Penguin Putnam
· Clifford 시리즈 78권_ Scholastic

중1

· 옥스퍼드 북웜스(Oxford Bookworms) 몇 권
· 티아라 클럽(The Tiara Club)_Vivian French 저, Orchard Books
· 뉴베리상 수상작 《천국에서 만난 다섯 사람》,《별을 헤아리며》

우리 아이 영어 교육, 어떻게 해야 할까요?

"주변에 믿을 만한 학원도 없고, 일단 학원보다는 제가 아이를 더 잘 알고 이끌어 줄 수 있지 않을까 하는 생각에 영어 공부를 시작했어요."

"학원을 보내는데, 어떤 학원을 보내든 간에 채워지지 않는 것 같아요. 그렇다고 학원을 여기 보냈다 저기 보냈다 할 수는 없는 거고. 어느 학원도 100% 입맛에 맞는 학원은 없어요."

엄마표 영어는 이제 많은 엄마들의 대세로 자리 잡았다. 단순히 인터넷에 나온 정보들을 가지고 아이를 가르치는 게 아니라 전문적으로 테솔(TESOL)을 배우는 일명 '공주족(공부하는 주부)'이 늘고 있다.

공주족 엄마들의 고민 가운데 상당 부분은 어떻게 하면 사교육비를 줄일 수 있을까 하는 것이다. 그리고 아이에게 맞는 공부를 시키기 위해 가정학습을 선택한다. 하지만 엄마와 아이가 지나치게 밀착되다 보니 오히려 사이가 나빠지고 갈등이 심해지기도 한다. 엄마는 공부만 강요하는 사람으로 인식되기도 하고, 엄마의 지나친 집착이 아이를 망칠 수도 있다. 더욱이 무턱대고 '엄마표 공부'를 시작했다가 오히려 아이가 엄마에게 의지하는 습관을 가질 수도 있어 조심스럽다. 그렇다면 엄마표를 제대로 할 수 있는 방법은 없는 것일까?

홍현주 박사에게 묻고 답하다
(쑥쑥닷컴 영어연구소 소장 · 부경대학교 국제대학원 강사)

Q. 엄마표 영어를 하다 보면, 부모의 발음이라든가 어법에서 틀린 걸 가르칠 수도 있지 않나요?

A. 그런 걱정들을 많이 하죠. "내가 영어를 잘 못해요, 내 발음이 좋지 않아요"라는 얘기들을 많이 합니다. 그러나 처음에 엄마의 좋지 않은 발음에 노출되었다고 해도 계속 노력하면 그 오류는 개선됩니다. 그러니까 잠깐 동안의 실수가 영어 교육 전반에 영향을 미친다고 생각할 필요는 없어요. 영어 교육은 평생 이루어지는 것이고, 그 다음에 아이가 실력이 향상되면서 그 오류를 느끼고 고쳐 나가면 됩니다. 그 점 때문에 안 하겠다고 멈추는 것은 현명한 방법이 아닙니다.

Q. 엄마표 영어의 부작용은 없을까요?

A. 지나친 간섭이죠. 아무래도 공부하는 순간에 같이 있으려는 지나친 욕심 때문에 엄마와 자녀 사이가 벌어집니다. 엄마가 그 시간을 항상 지켜보는 탐정이나 형사가 아니라, 아이가 스스로 발전하도록 옆에서 도와주는 관찰자로 남아 있어야 성공할 수 있어요. 그리고 엄마가 심리적인 부분을 잘 극복해야 합니다. 아이가 뜻대로 움직여 주지 않거든요. 학원은 보내 놓고 나면 학원이나 교사의 권위 때문에 따라가 주는데, 부모와는 그게 되지 않아요. 그것을 참고 넘기면서 관계를 잘 만들어 가야 해요. 그게 극복이 안 되면 하다가 포기하는 거죠.

Q. 그러면 어떻게 해야 잘할 수 있을까요?

A. 출발부터 엄마가 가르치는 사람으로 가면 안 됩니다. 엄마는 그냥 함께 가는 사람이어야 합니다. 사실 어느 정도 시간이 지나면 아이의 영어 실력이 엄마보다 나아지잖아요. 그럴 경우에 가르친다는 건 이미 성립되지 않거든요. 처음부터 엄마와의 관계를 '가르쳐 주는 사람'이라기보다는 영어 공부를 함께하는 사람 또는 아이가 할 수 있도록 돌봐 주는 사람으로 설

정해야 훨씬 오래갑니다. 제가 지켜본 바로는 엄마가 감정적이거나 자기 감정 통제가 잘 안 될 경우 대체로 엄마표 공부를 성공할 확률도 낮습니다. 그럴 경우에는 오히려 사교육에 의존하라고 이야기하고 싶습니다. 왜냐하면 엄마와 아이의 관계가 잘 형성되는 게 향후 사춘기를 겪을 때 중요하기 때문에, 모든 엄마에게 엄마가 다 가르치라고 말하지는 않아요.

· 엄마는 개굴 선생님! 경원이의 아주 특별한 교실

· "엄마, 나 학원 안 가고 혼자 공부할래요!"_개굴 교실, 문을 열다"

· 공부하는 주부, 공주족이 되다!

· 애니메이터를 꿈꾸는 경원이, 엄마도 함께 꿈을 꾸다

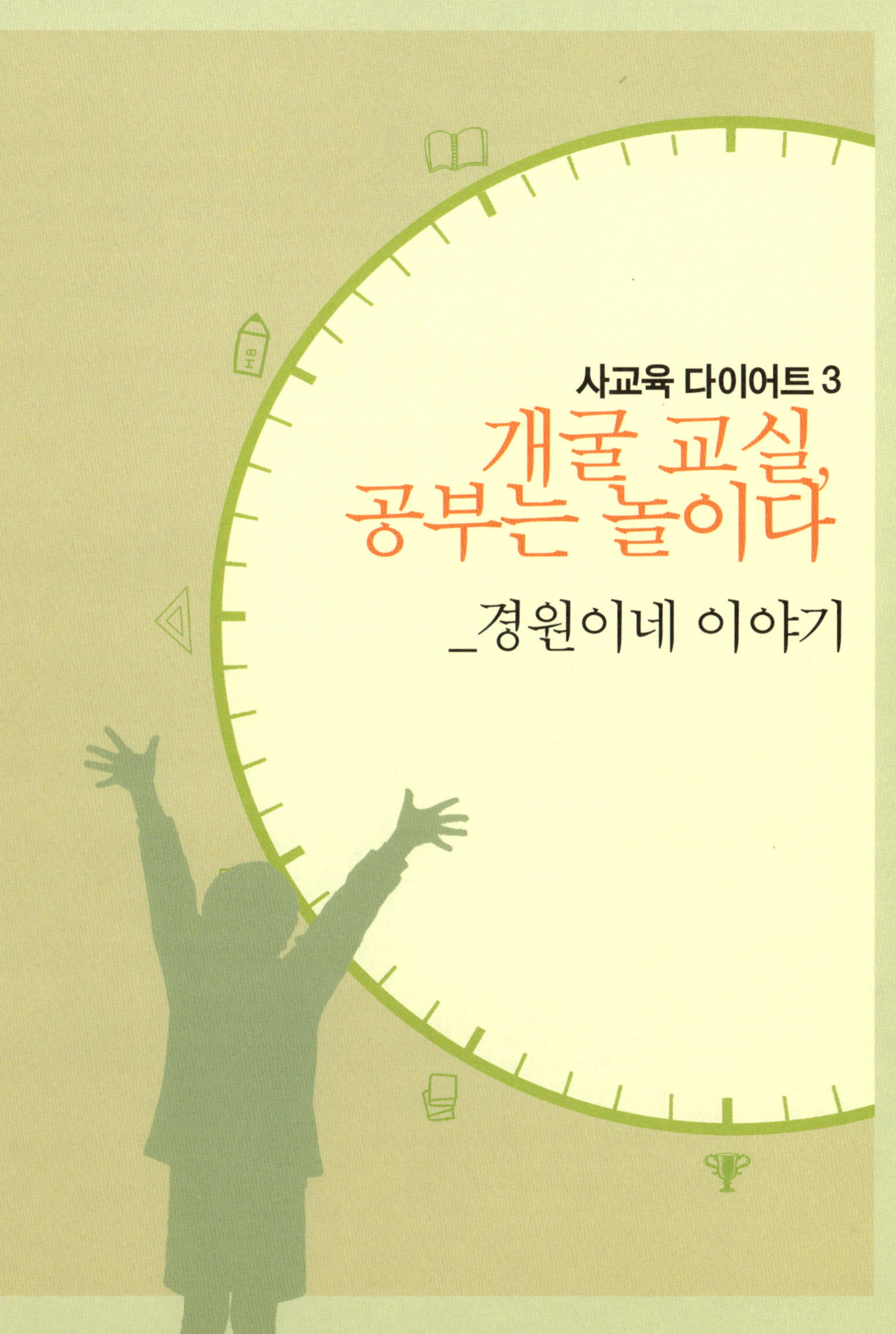
사교육 다이어트 3
개굴 교실,
공부는 놀이다
_경원이네 이야기

아이들은 일곱 살 때까지
기본적인 교육의 4분의 3을 배운다.
아이들이 세상을 어떻게 보는가는
당신이 그들에게 무엇을 보여주는가에 달렸다.

보건

엄마는 개굴 선생님!
경원이의 아주 특별한 교실

"똑똑똑."

학교에서 돌아온 경원이가 연필을 챙겨 들고 방문을 두드렸다. 방에는 개굴 교실이라는 푯말이 붙어 있었다. 경원이와 엄마만의 특별한 방으로 평소에는 경원이의 방이기도 하다. 경원이는 방문을 빠끔 열며 밝게 인사했다.

"안녕하세요, 엄마. 아니, 개굴 선생님!"

"네, 어서 오세요. 경원 학생!"

방에서 기다리던 엄마가 반갑게 인사를 했다. 개굴 교실은 경원이가 다섯 살 무렵부터 재미 삼아 시작한 공부방이다. 교실 이름은 경원이 엄마의 학창 시절 별명으로, 방 곳곳에 개구리 캐릭터가 장식

되어 있다.

"자, 오늘도 학교에서 재밌게 지내셨죠?"

"네!"

"좋아요. 그럼 오늘 개굴 교실 수업을 시작하겠습니다."

개굴 교실에서 엄마는 선생님, 경원이는 이 교실의 유일한 학생이다.

"자, 오늘 1교시는 무슨 시간이지?"

"과학 놀이 시간이오!"

"맞아. 과학 놀이 시간이지. 오늘은 자석에 대해서 알아볼 거야."

"어? 엄마! 근데 자석 모양이 여러 가지네요?"

"그렇지! 자석 모양이 다르게 생겼지? 자, 그럼 자석 이름부터 알아볼까? 이건 말굽처럼 생겼다고 해서 말굽자석이라고 하고, 이건 막대기처럼 생겼다고 해서……."

"알겠다! 막대자석이죠?"

"맞았어! 우리 경원이 잘 아네. 그럼 이번에는 이 자석으로 경원이가 하고 싶은 걸 해보자."

경원이는 엄마 말이 끝나기가 무섭게 방 안에 있는 모든 물건에다 자석을 붙여 보느라 정신이 없었다. 그러다 철컥하고 붙으면 "엄마! 붙었어요, 붙었어!"라며 좋아했고, 반대로 자석을 가까이 대도 반응이 없을 땐 '아~!' 하며 아쉬운 표정을 지었다.

엄마는 오늘 경원이에게 3학년 1학기에 배울 자석의 성질에 대해 알려 줄 생각이다. 그래서 일단 경원이가 이리저리 탐색해 볼 수 있는 시간을 충분히 주고, 경원이 스스로 자석에 붙는 물건과 그렇지 않은 물건을 알아낼 수 있도록 기다려 주었다.

"경원아, 어때? 이제 어떤 물건이 자석에 붙고 어떤 물건이 붙지 않는지 알았니?"

그러나 경원이는 여전히 자석 놀이를 하느라 정신이 팔려 엄마 말은 듣는 둥 마는 둥 했다. 그러자 엄마가 경원이의 귀에 대고 속삭였다.

"경원이 너, 자화가 뭔지 알아?"

누구나 작은 소리일수록 더욱 귀를 기울이게 되는데, 엄마도 그런 심리를 이용한 것이다.

"자, 뭐요?"

성공이다. 경원이가 반응을 보였다.

"으응, 자. 화."

"그게 뭔데요?"

"자화란 건, 자석이 아닌데 자석인 척하는 거야. 그러니까 자석은 아니지만 자석과 같은 성질을 가지고 있는 거래. 엄마가 신기한 거 보여줄게."

엄마의 말에 경원이가 눈을 반짝거리며 관심을 보이기 시작했다.

"자, 클립이 있는데, 클립끼리는 붙을까 안 붙을까?"

"안 붙어요."

"그렇지. 그런데 이러면 붙는다!"

엄마는 자석에 클립을 붙인 다음 다시 다른 클립을 그 아래 붙어

보았다. 그러자 철컥 하고 클립이 줄줄이 사탕처럼 대롱대롱 매달
리는 것이었다.

"와, 엄마, 엄마! 클립이 자석처럼 붙었어요."

경원이는 초롱초롱한 눈을 더 크게 뜨며 신기한 듯 소리쳤다.

"그렇지? 클립이 자석에 자꾸 붙으니까 신기하지? 이건 클립이
착각하는 거야."

"착각이요?"

"응, 자기가 자석인 줄 알고 착각하는 거야. 이걸 자화라고 한대.
'자석 자(磁)' 자와 '될 화(化)' 자를 써서 '어떤 물체가 자석이 된
다'는 뜻이야."

경원이는 클립의 자화(磁化)에 흠뻑 빠졌다. 엄마 또한 오늘 알려
주고 싶었던 내용들을 경원이가 모두 흥미로워하는 것 같아 기분이
좋았다. 재미있는 자석 놀이 속에서 은근슬쩍 3학년 때 배울 '자화'라는 성질까지 알게 되었고, 놀이를 통해 그 현상을 익혔으니 오랫동안 기억할 수 있을 것 같았다. 아니, 최소한 학교 수업 시간에 자화라는 단어를 듣고 당황하지 않는다면 그것만으로도 만족이다. 엄마가 개굴 교실을 연 가

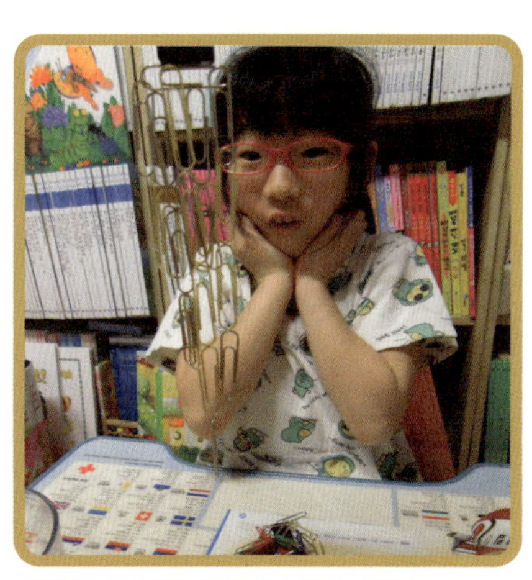

클립의 자화 현상을 신기한 듯 바라보는 경원이

장 큰 이유 또한 바로 이런 것이니까.

경원이는 엄마와의 과학 수업이 끝난 뒤에도 자석 놀이에 푹 빠져 일어날 줄을 몰랐다. 결국 발에 쥐가 난 다음에야 자석을 정리하고 자리에서 일어났다. 경원이는 이렇게 놀이를 통해 공부를 해서인지, 놀라운 집중력을 갖고 있었다.

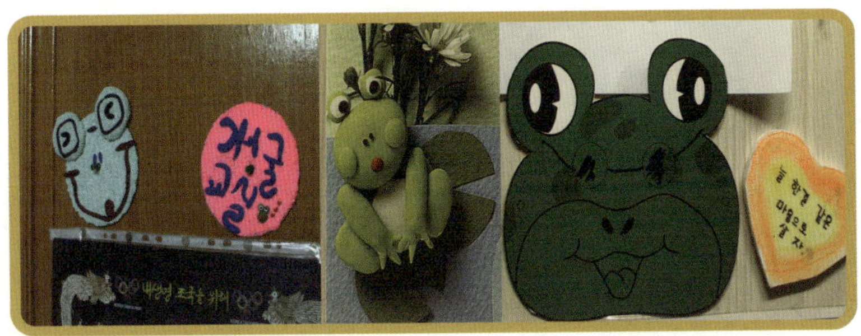
개굴 교실을 상징하는 캐릭터와 방문

엄마는 개굴 교실 수업을 마친 뒤에도 쉬지 않고 내일의 공부 계획을 짜느라 정신이 없었다. 내일은 경원이가 좋아하는 클레이(점토) 조각에 자석을 붙여 자석의 밀고 당기는 성질을 알려 줄 계획이다. 엄마는 미술과 과학을 접목한 과학 수업 계획안을 머릿속에 그려 놓았다.

개굴 교실은 매일 이렇게 엄마의 수업 계획안에 따라 진행된다. 그날그날의 진도에 맞춰서 아이가 받아들일 수 있는 만큼의 내용을 놀이처럼 진행하는 것이 엄마 교육의 방향이고 목표다.

"엄마, 나 학원 안 가고
혼자 공부할래요!"
─개굴 교실, 문을 열다

"엄마, 나 학원 안 다니고 집에서 혼자 공부할래!"

엄마는 경원이의 폭탄선언(?)에 깜짝 놀랐다. 그동안 뭐든 혼자 알아서 잘했고 특별히 문제가 없어 보였는데, 갑자기 학원을 가지 않겠다니 당황스러웠다.

"왜? 무슨 일 있었어? 학원 선생님이 뭐라고 하셨어?"

"아니, 그냥 학원 다니기 싫어서. 나도 혼자 공부해 보고 싶어."

"안 돼! 엄마도 회사에 가고 없는데, 너 혼자 어떻게 한다는 거야?"

"싫어! 나 혼자서도 잘할 수 있어. 엄마 오기 전에 숙제 다 해놓을게. 알았지, 엄마?"

엄마는 난감했다. 사교육을 맹신하거나 여기저기 쫓아다니는 열혈 엄마는 아니지만 그래도 학원에 보내 놓으면 안심이 되었는데, 엄마는 경원이의 폭탄선원에 쉽게 대답을 할 수가 없었다.

'어떻게 하는 게 좋을까? 내가 직장을 그만둬야 하나? 아니면 잘 얘기해서 다시 학원으로 보낼까? 아니지. 그건 분명 경원이가 싫다고 할 거야.'

엄마는 마음이 무거웠다. 아이가 크면 양육 문제에서 해방될 줄 알았는데 시간이 갈수록 오히려 첩첩산중이었다. 이럴 때마다 '내가 무엇을 위해 직장을 다니는 걸까' 하는 생각으로 마음까지 복잡해졌다.

결국 엄마는 경원이가 혼자 공부하겠다는 것을 허락해 주었다. 대신 엄마가 퇴근해서 돌아오는 저녁 시간에 함께 공부하기로 약속했다. 이것이 바로 개굴 교실이라는 학교 놀이의 시작이었다.

처음에 개굴 교실은 스케치북에 끼적끼적 그림을 그리거나 책 읽어 주기, 종이 접기 등 놀이 위주의 프로그램으로 이루어졌었다. 그러다 경원이가 초등학교에 입학한 뒤부터 조금 계획적이고 구체적인 '학교 놀이'를 생각하게 되었다. 먼저 엄마가 퇴근해서 돌아오면 숙제를 돌봐 주고 준비물을 챙겨 주기로 했다. 그러고 난 뒤 그날 배운 것들을 복습하고 다음 날 배울 내용들을 예습하기로 계획을 짜 두었다. 물론 처음 며칠은 잘 지켜졌다. 그러나 엄마의 퇴근이 늦어지기라도 하면 개굴 교실은 엉망이 되었다. 예습 복습은커녕 마음이 조급해진 엄마는 경원이에게 '하루 종일 뭘 하느라 숙제를 안 해놓았냐, 준비물은 왜 스스로 챙기지 못하냐'며 조목조목 따지고 잔소리를 늘어놓았다. 그뿐이 아니었다. 시험 성적표를 가져오면 점수부터 확인하고 칭찬보다는 질책을 쏟아부었다.

특히 초등학교에 갓 입학해서는 말 그대로 좌충우돌하는 시간들이었다. 예를 들어 받아쓰기 시험 전날은 백 점을 맞을 때까지 연습시켰고, 수행평가가 있는 날은 밤을 꼬박 새워 준비를 시켰다. 또 경필쓰기 대회 때는 하루아침에 글씨체가 달라지는 것도 아닌데 몇 시간씩 글씨 연습을 시키기까지 했다. 이렇게 매일매일이 전쟁이었고 온 가족이 긴장의 끈을 놓을 수 없는 비상사태였다.

하루는 이런 일도 있었다. 엄마가 퇴근하자마자 경원이를 불러 앉혀 놓고 수학 문제를 풀어 보라고 했다. 그런데 전날 가르쳐 준 문제를 또 틀리는 것이었다. 엄마는 순간 치솟는 화를 참지 못하고 버럭 소리를 질렀다.

"경원아! 너 이 문제 엄마랑 같이 풀었던 거잖아. 어제 네가 분명히 알아들었다고 했던 문제잖아. 게다가 이렇게 쉬운 문제를 틀리면 어떻게 하니? 너 정말 정신 안 차릴래?"

"……."

"실수도 실력이야. 그리고 자꾸 실수하면 그게 습관이 돼서 나중에는 고치기 힘들다고!"

엄마는 아무래도 경원이가 엄마표 학습을 하다 보니 긴장감이 떨어져 자꾸 실수를 하는 거라고 생각했다. 만일 지금 이 버릇을 고쳐 주지 않으면 훗날 습관으로 굳어져 크게 후회할지도 모른다는 불안감에 특단의 조치를 취하기로 했다. 그래서 수학 문제를 지금보다 두 배쯤 더 많이 풀리기로 마음먹었다.

"내일부터는 학교 갔다 와서 엄마 올 때까지 여기서부터 여기까지 다 풀어놔, 알았지?"

"헉! 엄마, 너무 많아요."

"많긴 뭐가 많아! 이렇게 풀어야 네가 실수를 하지 않는다고! 그러니까 엄마가 풀라는 만큼 다 풀어놔. 알았어?"

그날 이후 경원이는 매일 수학 문제에 치여 살았고, 엄마는 그런 경원을 몰아세우기 바빴다.

그러던 어느 날이었다. 엄마가 퇴근해서 돌아오자 경원이가 조심스럽게 쪽지 하나를 건네고는 말없이 방으로 쏙 들어갔다. 쪽지에는 이런 글이 적혀 있었다.

'엄마, 나 수학 문제 조금만 줄여 주면 안 될까?'

혹시 엄마가 화를 낼까 봐 두려웠는지 하트도 수십 개나 그려 넣었다. 순간, 엄마는 가슴이 저려 왔다.

'아, 내가 아이한테 무슨 짓을 하고 있는 거지?'

사실 그동안 아이의 실력을 올려야 한다는 강박관념에 쌓여 아무것

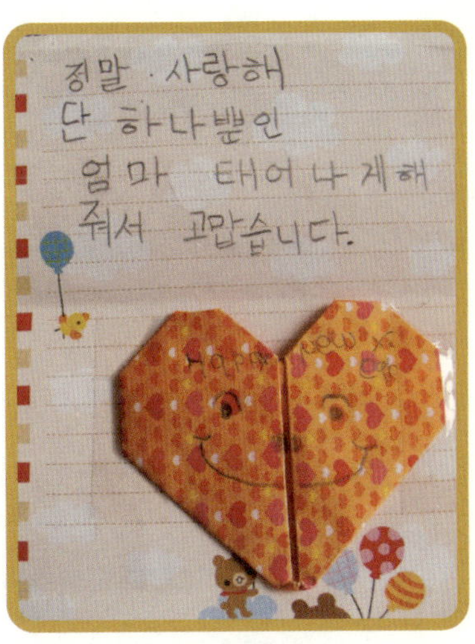

경원이가 엄마에게 하트를 그려 넣어 보낸 쪽지

도 생각하지 못했다. 백 점이 인생의 전부이고 상장이 내 아이의 레벨인 듯 집착하며 살았던 것이 문제였다. 집안일과 바깥일을 모두 완벽하게 잘하는 원더맘이 돼 보겠다며 아등바등 살아가는 엄마가 얼마나 부담스러웠을까? 초보 엄마의 과한 욕심과 조바심이 아이에게 독이 된다는 사실을 엄마는 경원이의 쪽지를 통해서 깨달았다.

그날 이후 엄마는 경원이에게 좋은 협력자, 편안한 친구 같은 엄마가 되기로 결심했다. 엄마의 방법이 최선인 양 아이를 다그치지도 않았고, 더 많이 더 빨리 가르쳐야 한다는 교육열도 마음에서 밀어냈다. 그리고 예전처럼 경원이가 백 점을 받아 오지 않아도 야단을 치지 않았다.

"엄마, 나 받아쓰기 백 점 못 받았어. 90점 받았어. 그리고 수학도 80점밖에 못 맞았어. 미안해."

경원이는 고개도 들지 못하고 풀이 죽은 채 말했다. 시험에서 백 점을 맞지 못한 것이 그리 미안한 일인가. 엄마는 경원이를 토닥이며 말했다.

"괜찮아. 누가 백 점이 제일 좋은 점수래? 다음에 열심히 해서 잘 보면 되지. 대신 틀린 건 다시 확인하고 공부하자."

엄마는 많은 시행착오를 거치면서 이렇게 달라졌다.

그로부터 1년 뒤, 엄마는 경원이를 위해 10여 년 동안 몸담았던 직장을 그만두었다. 그동안 경원이가 엄마 없이도 잘해 주었지만 엄마의 사랑과 관심을 보여주는 것도 때가 있다는 생각에 어려운 결심을 했던 것이다. 이제 엄마는 직장맘 대신 경원이만의 엄마쌤이며 개굴 교실의 개굴 선생님으로 역할을 바꾸었다.

그러나 엄마가 전업맘이 되었다고 달라지는 건 별로 없었다. 오히려 아이와 교육에 대한 정보가 없어 더 당황스러웠다. 엄마는 고심 끝에 인터넷 사이트를 뒤지기 시작했다. 그러다 알게 된 사이트에서 선배 맘들의 소중한 정보를 접하게 되었다. 아이 교육을 어떻게 해야 하나, 막막해 하고 있을 때 만난 단비 같은 곳이었다. 경원이 엄마는 이곳에다 자신의 불안과 고민을 털어놓기도 하고, 위로를 받기도 하면서 다시 힘을 얻었다.

그뿐이 아니었다. 경원 엄마는 '우리 아이'라는 단어가 들어가는 강의나 세미나는 무조건 찾아다녔다. 그리고 강의를 들을 때마다 '엄마라는 이름표를 달기 위해서는 끝없는 정신 수양과 공부가 필요하구나'하는 것을 느낄 수 있었다. 엄마들이 아이를 키우는 일은 도를 닦는 것과 같고, 아이가 크고 나면 엄마 몸속에서 사리가 나온다는 얘기 또한 괜한 말이 아니라는 것도 깨달았다. 하지만 그동안 아이를 믿지 못하고 자유롭게 해주지 못한 것들을 느끼며 반성하는 계기가 되기도 했다. 덕분에 한결 가벼운 마음으로 아이와 함께 공부할 수 있었고, '아이가 할 수 있는 만큼' 그리고 '아이가 즐거워하는 만큼'이라는 선을 지키는 데 최대한 신경을 쓰기로 했다. 그래서 개굴 교실에 이런 급훈을 만들어 가장 잘 보이는 곳에 붙여 두었다.

사실 급훈은 경원이보다 엄마를 위한 것이었다. 아무리 좋은 강의와 세미나에 참석해서 많은 것을 듣고 배워도 얼마간의 시간이 지나면 '원판불변의 법칙'에 의해 다시 아이에게 잔소리하고 다그치곤 하니 급훈이라도 붙여 놓고 마음을 다잡아야겠다는 생각이 들었기 때문이다.

그리고 또 한 가지 꼭 실천해야 할 것 가운데 하나가 잔소리를 줄이는 것이었다. 가정학습에서 엄마의 잔소리는 아이를 위축시키고 자신감을 떨어뜨리는 독약이라고 했다. 그래서 잔소리를 의식적으로 줄여 나가도록 노력했다. 아니, 잔소리를 할 것 같은 상황에서는 미리 아이에게 힌트를 주었다. 예를 들어, 이런 식으로 말했다.

"경원 학생! 클레이 조각을 빨리 완성해야 자석 붙이기 놀이를 할 텐데, 계속 클레이 조각만 만지작거리고 있으면 다음 수업을 할 수가 없어요. 빨리 마무리하세요."

그러나 그때마다 눈치 없는 경원이도 엄마에게 지지 않고 이렇게 말한다.

"개굴 선생님, 조금만 더 가지고 놀면 안 되나요? 네?"

예전 같으면 금방 "안 돼!"라고 말했겠지만, 엄마는 그동안 배우고 느끼고 각오한 것들을 동원해 차분하고 조용하게 타일렀다.

"음, 그럼 5분만 더 만들고 다음 수업 시작해요. 개굴 선생님도 조금 있다가 설거지해야 하고 바쁘거든요. 시간이 없답니다."

언젠가 텔레비전 광고에 이런 글이 소개된 적이 있었다.

부모는 멀리 보라 하고
학부모는 앞만 보라고 합니다.

부모는 함께 가라 하고
학부모는 앞서 가라고 합니다.

부모는 꿈을 꾸라 하고
학부모는 꿈을 꿀 시간을 주지 않습니다.

당신은 부모입니까? 학부모입니까?

경원 엄마는 이 물음에 아직 답을 하지 못했다. 부모가 될 것인지 학부모가 될 것인지, 부모와 학부모 사이에서 여전히 고민 중이다. 직장맘에서 전업맘으로 자리를 바꿔 앉았지만 혹시 겉으로 보이는 것과 달리 엄마의 사랑이라는 이름으로 무언의 폭력을 쓰고 있는 건 아닌지, 내 아이가 엄친아로 불리기를 바라며 맹목적으로 공부에만 매달리고 있는 건 아닌지 수없이 자신에게 묻고 또 물어보지만, 솔직히 아직까지 답을 찾지 못했다. 10년째 부모 노릇을 하고 있지만 결코 쉽지 않은 것 같다. 그래도 경원와 함께 울고 웃으며 공부하는 멋진 엄마, 베프 같은 엄마가 되기 위해 노력하겠다는 다짐은 오늘도 멈추지 않는다.

경원 엄마,
공주족이 되다!

경원 엄마는 경원이를 학교에 보낸 뒤 집안일을 끝내고 나면 컴퓨터 앞에 앉는다. 그리고 하루에 한 과목 이상 인터넷 강의를 듣는다. 오늘은 초등학교 3학년 수학 동영상을 듣는 날이다. 물론 경원이를 위해서다. 인터넷 강의를 듣기 시작한 것은 직장을 그만둔 다음부터였고, 이제는 하루의 일과가 되어 버렸다.

인터넷 강의는 과목당 두 종류로 나누어 듣는다. 하나는 경원이 수준에 맞는 것이고, 또 하나는 엄마표 공부를 위한 교수법 강의다. 강의를 들을 때는 물론 경원이가 들었을 때 이해가 가지 않는 부분이 어떤 부분일까 꼼꼼하게 따지고 생각하면서 듣는다.

요즘은 자기주도학습이 대세라 그런지 에듀모아, 꿀맛닷컴, 빨간

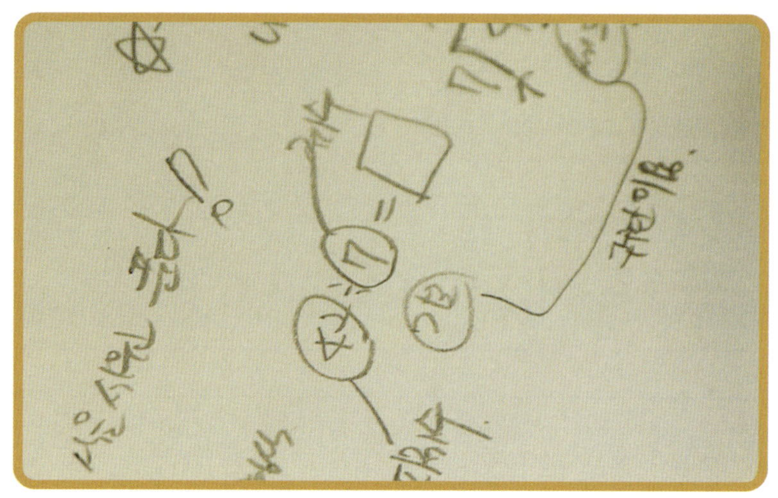

인터넷 강의를 들으며 메모해 둔 엄마의 공책

펜 등 초등학생 전용 온라인 학습 사이트들도 많이 생겼다. 강의도 재미있고 아이들 수준에 맞게 잘 짜여 있어 여러모로 많은 도움이 된다. 경원 엄마도 개굴 교실의 수업 자료들을 이런 학습 사이트에서 얻는데, 사이트마다 각 과목의 단원별로 예습과 복습을 할 수 있도록 프로그램을 지원하기 때문에 엄마가 미리 공부한 뒤에 경원이와 함께 공부할 내용들을 정리한다. 'Frog_Today Curriculum'인 엄마만의 수업계획표도 이렇게 만들어진다.

'Frog_Today Curriculum'은 경원이의 학교 수업 진도에 맞춰서 시간을 나누고 과목을 배치한 다음 복습할 양과 예습할 양, 그리고 내용을 미리 정해 놓는다. 복습은 공부하는 힘을 길러 주고 예습은 학교 수업을 재미있게 만들어 줄 뿐 아니라 공부의 저력을 길러

[Frog_Today Curriculum]

[2-2] 전과목 (애니고,육군사관학교) [애니메이터]			Home Study	11월 10일 (화)	
				Schedule	강 의 실 (컴퓨터,DVD,TAPE,문제집)
1	국어 *한국어*	듣 기 말하기	[TAPE] 애니메이션(60)	59/60	- 문제집_우등생 해법 국.수(매일) 바.생.즐(월수금)
2		읽 기	호아토아 옛날이야기 (50)	42/44/45	
3		쓰 기	♡일기쓰기	p111~p113	- 컴퓨터(에듀) - 동영상(빨간펜)
4	수학 *학력평가대회*	수 학 수학익힘책	1. 창의력 2. 사고력 3. 연산력	1.가베265_1 1.소마큐브_2p 2.천재G단계_5(5) 3.기탄F단계_4(2p) p140~p143	- 가베265.커밍스쿨 - 소마큐브 - 천재_사고력 해법수학G - 기탄수학_연산력F
5	사회 *한국사*	슬기로운 생 활	[책] 삼국유사,삼국사기		
6	과학		[VIDEO] 발명가와발명		
7	음악 *악기*	즐거운 생 활 (예체능)	[배운 악기] 피아노,기타,드럼		
8	미술 *화실*		[서울교대]_9월 선발 미술영재연구소	□토_ pm1~pm3	
9	체육 *태권도*		[Since_2718] _국기원 2품	□월수금_pm5~pm6 □화목_pm6:30~pm7:30	
10	도덕	바른생활 생활의길잡이			
11	영어 *GDEC* 2962 *학력평가대회*	듣 기 말하기	[DVD] Cinema Tales(30)	21. Finding Snow	- 교원
		읽 기	[Talktree Book]	1. Hello!	- 퀘아제(영어,한자)
		쓰 기	**11/16(목) _Level Up Test**		
12	한자 *급수시험대비*	듣 기 말하기	[한자동화]	1. 황금 알을 낳는 거위	
		읽 기			
		쓰 기			

Frog_Today Curriculum

주기 때문에 모두 중요하다. 따라서 경원 엄마는 복습과 예습을 균형 있게 계획해 둔다.

'Frog_Today Curriculum'을 보면 마치 교사의 수업지도안처럼 꼼꼼하게 작성되어 있는데, 경원 엄마는 3년째 매일같이 이렇게 수업 준비를 했다. 간혹 사람들이 "아이에게 너무 올인하느라 엄마만의 삶이 없지 않냐"고 얘기할 때도 있다. 그러나 경원 엄마는 생각이 다르다. 경원이가 어렸을 때 놀이방이나 어린이집에 맡기고 출근하려면 늘 미안한 마음이 들었었다. 엄마의 사랑이 그리울 때 함께할 수 있는 시간이 너무 적었고, 하루 종일 직장에 매달려 있었던 적도 많아 이제 남들처럼 헬리콥터맘, 캥거루맘이란 소리를 듣더라도 극성 엄마의 대열에 끼고 싶었다.

또 과거와 달리 교육에 관한 정보가 넘쳐나는 시대에 살고 있으니 엄마의 정보력이 무엇보다도 큰 무기가 될 거라고 생각했다. 자고 일어나면 입학사정관제니 자기주도학습이니 교육에 관한 새로운 용어들이 생기고, 입시 요강이나 제도도 변화무쌍해 엄마가 알지 못하면 제대로 준비할 수 없을 거라고 확신하며 다양한 정보를 수집하는 것은 물론 배우고 익힌 것들을 토대로 매일매일 수업지도안을 만들었다. 그러다 보니 경원이를 어떻게 가르쳐야 할지 조금씩 알게 되었고, 아이의 특별 맞춤 과외를 위해 엄마 또한 공부를 게을리하면 안 된다는 사실도 깨달았다.

물론 경원 엄마가 공부를 하는 이유는 경원이의 학업 부담을 덜어주기 위해서다. 엄마는 아이를 가장 가까운 곳에서 지켜보는 사람이고 아이가 원하는 것을 이룰 수 있도록 도와줄 최고의 협력자이므로 많이 알아 두면 좋을 것 같았다. 그리고 아이마다 성향이 다르고 개성과 재능이 다르므로 똑같은 교수법과 일률적인 교육 방법을 적용시킬 수 없으니 아이를 가장 잘 아는 엄마가 진지하게 고민하고 열심히 공부해야 한다고 생각한다. 나아가 경원 엄마는 엄마의 이런 노력들이 아이에게 좋은 모습으로 보이고 든든하게 느껴질 거라고 믿고 있다.

공주족 경원 엄마의 아이와 함께 공부하기
─엄마가 미리 보는 초등 교과서

경원이가 새 학년이 되면 엄마가 제일 먼저 하는 일이 바로 교과서 보기다. 앞으로 경원이가 어떤 것을 배우는지 살피고, 학교 수업을 듣기 전에 미리 알아야 하는 내용이 무엇인지 꼼꼼히 체크한다.

오늘은 국어 3학년 1학기 읽기 교과서를 공부하기로 했다. 첫 단원이 '아는 것이 힘'이었다. 엄마는 우선 교과서 전체를 훑어보았다. 그런데 언뜻 보면 국어책인지 과학책인지 헷갈릴 정도로 동

초등학교 국어 읽기 교과서

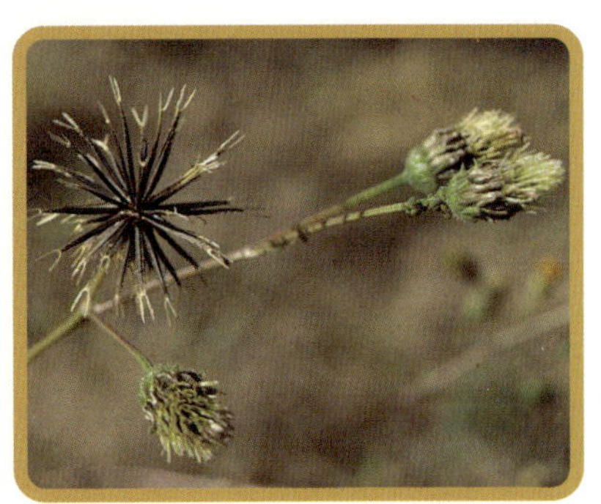
국화과의 한해살이풀 도깨비바늘

물과 식물 사진이 많은 면을 차지하고 있었다. 내용 역시 식물과 동물에 관한 것으로, '식물의 씨앗을 퍼뜨리는 방법'과 '동물의 먹이 먹는 법'에 대한 이야기였다. 사실 엄마가 배우던 때와 내용이 너무 달라서 많이 놀랐지만, 아는 것이 힘이고 아는 만큼 보일 거라는 생각에 열심히 읽어 내려갔다. 다 읽은 결과 이 단원은 설명문에서 지문을 읽고 핵심 내용을 요약할 수 있는 힘을 기르는 것이 학습 목표인 듯 보였다.

"근데, 도깨비바늘이 뭐지?"

엄마는 교과서를 읽다가 잠깐 멈칫했다. 도깨비바늘이라는 말은 처음 듣는 것이었다.

"도깨비바늘이라? 나도 모르는데 경원이는 알고 있을까? 만일 선생님께서 '도깨비바늘이 뭘까요?'라고 물어보셨는데 경원이만 모르면 당황하겠지?"

엄마는 도깨비바늘이란 단어를 머릿속에 넣어 두었다. 만일 경원이가 도깨비바늘에 대해 미리 알고 간다면 내일 수업 시간이 얼마나 기다려질까를 생각하니 저절로 흥분이 되었다.

엄마는 도깨비바늘 외에 씨앗이 퍼지는 방법과 동물들이 어떻게 먹이 사냥을 하는지에 대해서도 알아 두자고 메모했다. 단원명대로 아는 것이 힘이 되려면 여러 배경 지식이 필요할 것 같아 관련된 과학 동화가 있는지 찾아보기로 했다. 미리 알아 두면 좋을 관련 도서를 읽히고 어려운 용어들을 찾아 알려 주면 경원이가 좀 더 쉽게 접근할 수 있기 때문이다. 이것이 바로 엄마표 학습이고, 경원이만의 특별 맞춤형 과외인 것이다.

경원 엄마표 자기주도학습 만들어 주기

아침 일찍 일어나 물이라도 마셔라~ ♪♬

아침 7시, 경원이의 아침잠을 깨우는 자명종 소리가 시끄럽게 울려 퍼졌다.

"아~ 아~ 함!"

경원이는 조금 더 자고 싶었지만 자신과의 약속을 지키기 위해 억지로 몸을 일으켰다.

"어머나, 우리 공주님 일어나셨네."

엄마가 밝은 목소리로 인사를 하며 경원이를 꼭 안아 주었다. 경원이는 엄마의 품에 안겨서야 겨우 잠을 몰아냈다.

"엄마, 나 이제 공부할게요."

경원이는 눈을 비비며 컴퓨터 앞에 앉았다. 어느새 컴퓨터에서는 사회 과목의 인터넷 강의가 흘러나오고 있었다. 사실 눈을 뜨자마자 공부를 한다는 게 쉽지는 않지만 경원이가 이렇게 아침 공부를

인터넷 강의를 들으며 수업 준비를 하는 경원이

하는 이유는 따로 있다. 바로 학교 수업 시간에 발표를 많이 하기 위해서다. 아침에 잠을 조금만 줄이고 인터넷 강의를 들으면 학교 수업 시간에 집중도 잘 되고 발표하는 횟수도 늘어 무엇보다 적극적이고 능동적인 시간을 보낼 수 있게 된다. 그래서 경원이는 매일 아침 학교 시간표에 맞추어 오늘 수업할 내용들을 인터넷 강의로 듣고 학교에 간다.

그날 오후, 경원이가 신이 나서 집으로 뛰어들어왔다.

"엄마!"

"경원이 왔니? 어서 와."

"엄마, 엄마!"

"왜? 오늘도 좋은 일 있었어?"

"응. 오늘 아침에 인강(인터넷 강의)에서 들은 거 있잖아. 선생님께서 수업 시간에 그거 물어보시는 거 있지?"

"아, 그랬어?"

"응. 근데 그거 대답한 사람이 나밖에 없었어. 그래서 선생님한테 칭찬받았어."

"그래? 뭐라고 하셨는데?"

"학원에 다니는 애들은 선생님이 가르칠 때 다 아는 거라고 장난치고 떠드는데 나는 항상 수업 시간에도 열심히 듣고 즐겁게 공부하는 게 참 보기 좋다고 그러셨어."

"정말? 와, 경원이가 아침마다 고생한 보람이 있네."

"그치? 나 이제 더 열심히 공부할 거야. 그래서 선생님이 질문하시면 내가 다 대답해야지. 히히히."

경원이는 선생님의 칭찬에 자신감을 얻었는지 공부에 더 욕심을 냈다. 그리고 엄마가 시키지도 않았는데 컴퓨터 앞으로 달려가 인터넷 강의를 틀어 놓았다. 엄마는 그런 경원이가 대견스러웠다. 선생님에게 칭찬받았다는 사실도 기분 좋은 일이지만, 경원이가 스스로 인강을 들으려는 모습이 무엇보다 기뻤다. 스스로 공부해야 하는 이유를 찾고 그것을 실천에 옮기는 모습을 보면서 이제는 경원이가 공부를 즐길 줄 아는 아이가 될 수 있을 거라는 확신이 들었다. 엄마는 경원이가 성적 올리는 데 급급한 아이가 아니라 공부를 재미있게 하는 아이가 되기를 바란다.

개굴 교실을 시작하고 경원 엄마가 가장 신경을 쓰는 부분은 자기

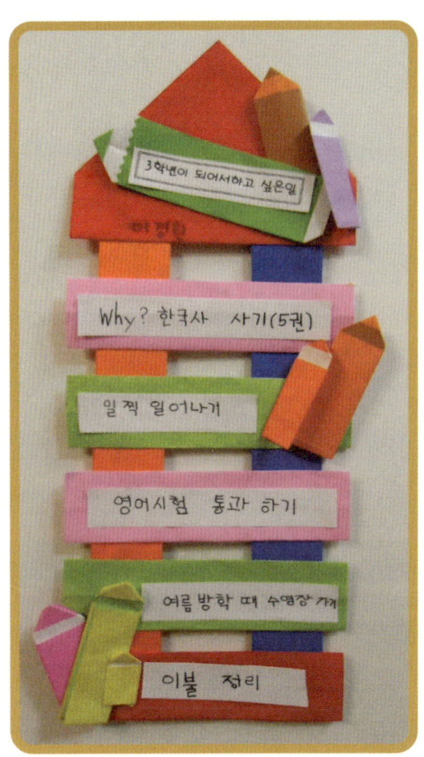

경원이가 직접 작성한 3학년 생활계획표

주도학습이었다. 그래서 학교 숙제는 물론이고 준비물 챙기기까지 경원이가 스스로 하게 만들었다. 혹시라도 잊어버릴까 봐 중간중간 챙겨 주기는 해도 엄마가 직접 해주는 일은 절대 없다. 이렇게 1년 정도 꾸준히 도우미 역할을 했더니 이제는 제법 스스로 할 일을 메모해 두거나 계획하는 습관이 생기기 시작했다.

사실 공부도 습관이다. 뭐든지 처음 시작할 때가 어렵지 습관이 되면 공부도 힘들지 않게 할 수 있다. 그리고 분명한 건 엄마는 도우미일 뿐이다. 엄마가 아이의 공부를 대신해 줄 수는 없다. 그렇기 때문에 경원 엄마는 초등학교 저학년 때부터 천천히 자기 주도적으로 공부하는 습관을 길러 주어야 한다고 얘기한다.

"학교에서 내준 숙제 먼저 하고, 준비물을 꼼꼼히 챙기는 연습을 하고 나니 단원 평가가 있으면 스스로 문제집을 풀고 외운답니다. 처음에는 엄마의 손길이 필요하죠. 한 번 알려 주고 두 번, 세 번 알려 주었더니 이젠 습관이 된 것 같아요. 아이 스스로 순서도 정하고, 지금 해야 할 것과 나중에 해야 할 것을 구분지어 시간표도 짜고 요일별로 할 일을 정하더라구요. 대신 저는 경원이가 공부를 하다가 '엄마'를 부르면 얼른 달려갑니다. 경원이가 엄마를 부르는 이유는 모르는 부분을 도와 달라고 할 때가 대부분이거든요. 엄마쌤의 장점이 뭐겠어요. 아이가 어려워하고 힘들어 할 때 바로바로 도움을 줄 수 있는 제일 친절한 선생님이 될 수 있다는 거잖아요. 그래서인지 경원이는 모르는 문제나 어려운 문제가 있으면 바로 포기하지 않고 꼭 물어보는 습관이 생겼어요. 절대 그냥 넘어가지 않죠. 초등학교 저학년은 기초가 중요하기 때문에 자기가 모르는 것은 꼭 이해하고 넘어갈 수 있도록 도와주는 것이 무엇보다 필요한 일이라고 생각합니다."

지금 당장 실천할 수 있는 엄마표 공부 습관 지침서

❶ 숙제는 식탁에서 하게 한다. 저학년일수록 곁에서 지켜보는 사람이 꼭 필요하다.

❷ 공부는 집중력이다. 공부하라는 말 대신 날마다 활기차게 생활할 수 있는 환경을 만들어 효율적으로 집중력을 높여 주는 게 중요하다.

❸ TV를 보는 것은 아이의 집중력을 방해한다. 밥 먹을 때는 텔레비전 대신 아이의 말에 귀를 기울이자.

❹ 아이가 관심을 갖는 책은 무조건 사주고 호기심을 자극하는 도감은 거실에 두자.

❺ 일상생활에서 세계와 친해지도록 지구본을 TV 옆에 놓아 두자.

❻ 사전은 생활 속에서 활용할 때 비로소 가치가 살아난다. 아이가 사전을 먼 존재로 여기지 않도록 사전을 끼고 사는 부모가 되자.

❼ 서점을 아이의 놀이터로 만들어라.

※ 가게야마 히데오가 쓴 《공부습관 10살 전에 끝내라》 중 일부 요약

다음은 경원 엄마가 경원이를 위해 직접 만든 여름방학에 실천해야 할 목표를 적은 기록표다. 아직 공부나 생활 습관이 갖추어지지 않은 초등학교 저학년이므로 스스로 계획해서 공부하는 데는 무리가 있다. 그래서 경원 엄마는 이렇게 계획표를 만들어 스티커를 붙이게 했다. 방학 때마다 시작한 실천 기록표가 어느새 엄마와 아이 모두에게 습관이 되어 버렸다. 또 계획표 덕분에 경원이는 무슨 일이든 스스로 하고, 엄마도 세심하게 챙기게 되었다.

엄마는 경원이의 공부 습관뿐만 아니라 인성도 중요하다고 생각한다. 공부만 잘하는 이기적인 아이보다는 남을 배려하고 남에게 도움이 되는 아이로 키우고 싶다. 그래서 집안일을 돕도록 했고, 표를 만들어 경원이가 스스로 할 수 있는 일들을 매일매일 한 가지씩

정해 기록하도록 했다. 경원이는 주로 빨래 개기, 방 청소, 식탁 정리, 밥상 차리기 등을 약속하고 실천했다. 무엇이든 스스로 일을 만들어서 하는 것도 자기 주도의 과정이 아닐까?

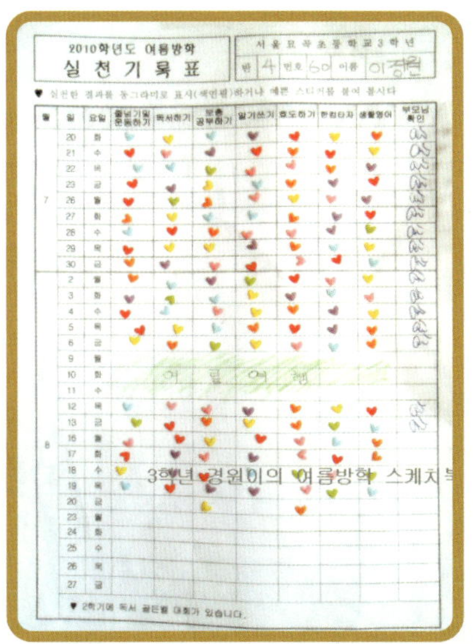

여름방학에 실천해야 할 목표를 적은 기록표

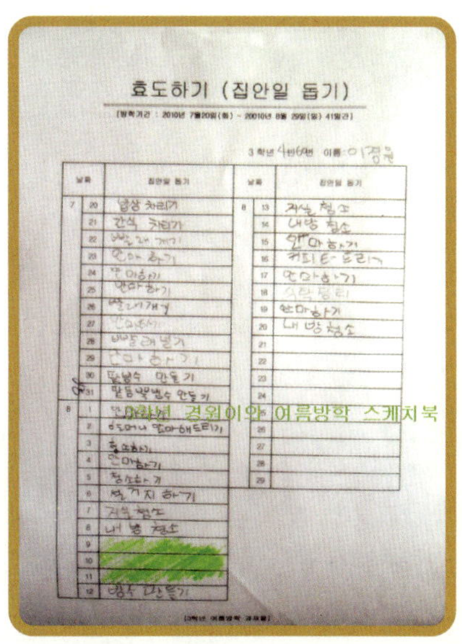

경원이가 스스로 할 수 있는 일을 기록한 표

애니메이터를 꿈꾸는 경원이,
엄마도 함께 꿈을 꾸다

경원이의 현재 꿈은 애니메이터가 되는 것이다. 그래서 애니메이터가 되는 데 도움이 되는 클레이나 종이접기, POP 손글씨 쓰기 등을 배우고 있다. 이 모든 강좌는 엄마가 경원이에게 프로그램의 종류와 내용을 알려 주었을 뿐 선택은 스스로 하게 했다.

그러나 경원이의 꿈이 언제 어떻게 변할지는 아무도 모르는 일이다. 따라서 경원 엄마는 경원이가 다양한 활동들을 경험하고 그 경험을 토대로 직업들을 탐색하며 미래를 계획하도록 도와준다. 경원 엄마는 학교 성적이 꿈을 정해 주는 것은 아니므로 많은 활동을 경험해 보는 것이 더 중요하다고 생각한다.

경원이의 주간 계획표를 보면 사교육은 태권도뿐이고, 대부분이 방과 후 수업이나 주민자치센터에서 열리는 문화 강좌들이다. 방과 후 수업으로 듣는 과학 실험과 영어체험센터를 제외하면 모두 교과 활동과 상관없는 것들이다. 그 밖에도 경원이는 동요 대회에 나가고 싶을 때는 구청 문화센터의 동요 강좌에 등록하고, 드럼과 기타를 배우고 싶을 때는 그것들을 직접 찾아서 배우곤 한다. 모든 것이 자기 주도적이다.

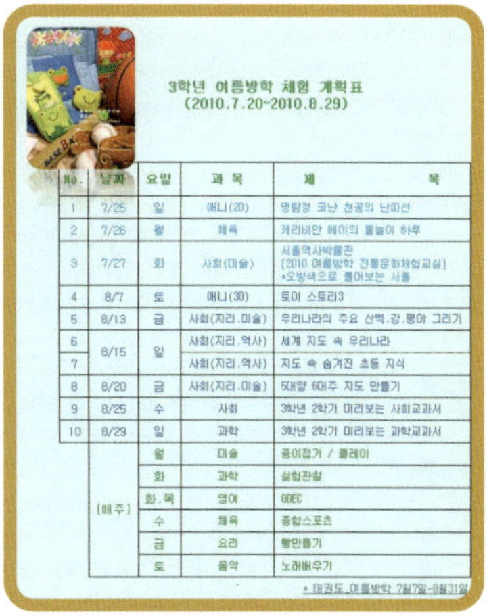

3학년 여름방학 체험 계획표
(2010.7.20~2010.8.29)

No.	날짜	요일	과 목	제 목
1	7/25	일	애니(20)	명탐정 코난 천공의 난파선
2	7/26	월	체육	캐리비안 베이의 물놀이 하루
3	7/27	화	사회(미술)	서울역사박물관 [2010 여름방학 전통문화체험교실] +오방색으로 풀어보는 서울
4	8/7	토	애니(30)	토이 스토리3
5	8/13	금	사회(지리.미술)	우리나라의 주요 산맥.강.평야 그리기
6	8/15	일	사회(지리.역사)	세계 지도 속 우리나라
7			사회(지리.역사)	지도 속 숨겨진 초등 지식
8	8/20	금	사회(지리.미술)	5대양 6대주 지도 만들기
9	8/25	수	사회	3학년 2학기 미리보는 사회교과서
10	8/29	일	과학	3학년 2학기 미리보는 과학교과서
	[매주]	월	미술	종이접기 / 클레이
		화	과학	실험관찰
		화.목	영어	GOEC
		수	체육	종합스포츠
		금	요리	빵만들기
		토	음악	노래배우기

+ 태권도, 여름방학 7월7일-8월31일

경원이의 체험 계획표

또 경원이 엄마는 엄마표 학습을 하고 있지만 모든 것을 엄마가 가르치겠다는 생각은 없다. 게다가 사교육을 부정하지도 않는다. 사교육은 엄마가 채워 줄 수 없는 부분까지 끌어 주는 등 긍정적인 면도 많다. 그렇지만 백 점을 맞기 위해 사교육을 시킬 생각은 없다. 초등학교 3학년인 경원이에게 중요한 것은 성적보다 꿈이며, 아이가 꿈을 이루기 위한 소양을 쌓는 일이 훨씬 더 소중하기 때문이다.

경원 엄마는 방학이면 계획표를 하나 더 추가해서 짜야 한다. 그것은 바로 지난 학기를 복습하고 다음 학기를 준비하는 체험학습이다. 경원 엄마가 꼭 챙기는 일 가운데 하나가 아이의 마음을 어루만져 줄 수 있는 체험 활동들이다. 지금부터 쉬엄쉬엄 즐기면서 한 가지씩 익힌다면 경원이에게 특별한 시간이 될 거라고 확신하기 때문이다.

초등학교 3년간의 학습계획표

〔2008 초등 1년〕 학습 놀이 (수행평가)

예체능 음악 · 미술 · 체육 · 도덕, 인성 나무 새싹 심기
국 어 책읽기 1000권 도전, 경필쓰기 익히기, 그림일기 쓰기 시작
한 자 국어, 사회, 과학 등 교과에 자주 나오는 한자어 익히기 시작
수 학 사고 및 창의력 위주의 수학 놀이 진행하기
영 어 듣기, 보기 노출

〔2009 초등 2년〕 학습 놀이 (수행평가)

예체능 음악 · 미술 · 체육 · 도덕 2단계, 인성 나무 키우기
국 어 책읽기 1000권 도전 진행, 경필쓰기 익숙해지기, 글줄 일기 쓰기 시작
한 자 국어, 사회, 과학 등 교과에 자주 나오는 한자어 읽어 보기
수 학 숫자 놀이로 창의력과 사고력 키우기, 연산력 키우기
영 어 듣기, 보기 진행과 읽고 쓰기 입문
경 제 한 달 2만 원의 용돈으로 용돈 기입장 써보기(방학)

〔2010 초등 3년〕 본격적인 학습, 언어 입문 (내신, 성적 관리)

예체능 음악 · 미술 · 체육 · 도덕 3단계, 인성 나무 다지기
국 어 책읽기 1000권 도전 완료, 생활 일기 쓰기로 논술 시작(듣기, 말하기, 쓰기-통합)
한 자 인증 평가 준비-한자 6급 도전
수 학 인증 평가 준비-4월 수학경시대회 참가
영 어 인증 평가 준비, 3학년에 만나는 교과서
　　　　-그동안 들어 왔던 테이프 다시 듣기, 영어 교과서 CD 듣기, 월드 뉴스 생활 영어로 옮겨 쓰기(여름방학)
중국어 듣기, 보기 2차 입문-학습지
일어 · 독일어 · 프랑스어 듣기, 보기 입문

사 회 체험학습과 나들이로 직접 경험

　　　－우리 역사 문화 관련 책읽기, 6·25 60주년 테마로 여름방학 여행

　　　떠나기

과 학 과학 원리 실험실(방과 후 수업으로 교과목 다지기)

음 악 초등 1년-피아노, 리코더 / 초등 2년-드럼, 통기타 / 초등 3년-종이

　　　접기 3급 인증, 클레이 사범 입문

체 육 태권도 3품 수련, 태권도 경연대회 참가

　

교육 정책이 아무리 바뀐다 하더라도 대한민국에 입시라는 제도가 존재하는 한 기본적인 학습 능력을 평가하고 그 과정을 이수해야 한다는 사실에는 변함이 없다. 그렇다면 아이가 그 과정을 좀 더 쉽게 받아들일 수 있도록 도와주는 것이 엄마의 역할이 아닐까. 그래서 경원 엄마는 경원이의 초등학교 3년간의 학습계획표를 만들어 두었다.

이 계획표는 단계별 학습을 진행하는 데 많은 도움이 되었다. 그리고 넘쳐나는 정보 속에서도 우왕좌왕하지 않고 계획대로 밀고 가는 뚝심 있는 엄마의 모습을 보여줄 수 있었다.

경원 엄마는 학년별 연간 계획표 외에 경원이의 미래 계획표를 10년 단위로 짜 놓았다. 뭔가 거창하고 대단한 것 같지만 사실은 엄마 스스로 아이를 어떻게 키울 것인가에 대해 고민한 흔적이라는 것이 맞다.

경원이의 10년 계획표는 최근 교육계의 핫이슈인 입학사정관제

에 대한 강의를 들으면서 경원이의 대학 입시가 결코 먼 이야기만은 아니라는 생각이 들어 작성하게 되었다. 10년을 단위로 경원이가 서른 살이 될 때까지의 큰 틀을 만들었는데, 그 내용은 열 살이 될 때까지는 공부 습관을 만들고 스무 살 되기 전에 대학 입시와 직업에 대한 구체적인 목표를 이루며, 서른 살에는 부모의 도움 없이 자신의 인생을 설계한다는 것이다.

이렇게 10년 계획표를 세우다 보니 아이의 미래를 위해 학교 성적은 그냥 지나칠 수 없는 과정이라는 사실을 깨달았다. 그러나 경원 엄마는 우등생을 목표로 하진 않는다. 경원이가 꿈을 이루는 데 학업이 걸림돌이 되지 않고 최대한 즐겁게 공부할 수 있도록 도와줄 생각이다.

알파맘, 베타맘에게
자기주도학습 성공의 노하우 배우기!

언제부턴가 우리 사회는 공부만 잘하는 수재나 두더지형 공부벌레들보다 멀티 플레이어 인재를 원하는 시대가 되었다. 그리고 이에 따라 엄마들의 역할도 갈수록 진화하고 있다.

경원이 엄마도 시대의 변화에 맞는 현명한 엄마가 되려고 노력하는 중이다. 아이보다 먼저 교과서를 검토하면서 아이가 어떤 공부를 하는지, 혹시라도 어렵게 생각하는 부분은 없는지를 꼼꼼하게 살펴보고, 인터넷 강의를 들으며 엄마가 준비할 것이 무엇인지를 탐구한다.

그뿐 아니라 아이의 장래 희망인 '애니메이터' 라는 꿈을 이룰 수 있도록 관련 기관을 견학시키는가 하면, 학교 성적과는 관계없지만 애니메이터로서 갖추어야 할 기본들을 다지기 위해 POP 손글씨 쓰기, 종이접기, 클레이 공예 등 경원이 나이에 맞는 다양한 경험을 할 수 있도록 도와주고 있다.

또 경원 엄마는 매년 학기 초마다 엄마만의 과목별 커리큘럼을 짜놓고 아이와 함께 실천한다. 그런 다음 경원이와의 소중한 경험과 정보를 블로그에 올려놓고 다른 엄마들이 전수받아 엄마표에 성공하기를 바라는 마음으로, 적극적으로 알려 주고 있다.

자기주도학습 성공의 키워드

① 무조건 칭찬하라—칭찬을 통한 동기 부여

요즘은 체험식 놀이 학습이 대세다. '백문이 불여일견' 이라고 오감을 활용한 학습 도구들은 학습 동기를 부여하는 데 큰 도움을 준다. 칭찬 역시 전통적으로 내려오는 무형의 가장 훌륭한 학습 도구가 아닐까? '칭찬은 고래도 춤추게 한다'는 긍정의 효과는 자기주도학습을 진행하면서 결코 그냥 지나쳐서는 안 될 핵심 키워드다. 백 점을 맞았다고 결과를 칭찬하기보다는 백 점을 맞기 위해 열심히 공부한 아이의 노력을 칭찬해보자. 학습을 위한 자양분은 백 점을 맞고 안 맞고가 아니라 자신감과 의지에 달려 있다는 사실을 잊지 말자.

② 아이의 현재 상황을 바탕으로 현실 가능한 계획을 세우자

어떤 교육자는 자기주도학습은 4학년 이후에나 가능하다고 말한다. 초등학교 저학년이 자기주도학습을 하기 위해서는 부모의 코치가 필요하다는 것이다. 자기주도학습은 스스로 학습을 한다지만 철저하게 계획적이어야 한다. 그렇지 못하면 효율도 낮고 아이를 지치게 만들어 공부에 대한 흥미를 떨어뜨릴 수도 있다. 만일 아이가 계획 세우는 것 자체를 힘들어 한다면 옆에서 도와주는 게 좋다. 공부도 경제와 마찬가지로 효율성이 강조되는 분야다. 정해진 시간 안에 효과적으로 목표를 이루기 위해서는 아이의 학습 유형이나 공부 스타일을 고려할 필요가 있다. 아이가 가장 편하게 생각하고 부담을 느끼지 않도록 현실 가능한 계획을 세우도록 하자. 계획표를 자주 짜다 보면 자신만의 노하우도 터득하게 된다. 또 과거의 성적을 바탕으로 현재의 위치를 파악한 다음 앞으로 공부할 때 어떤 과목과 단원에 좀 더 시간을 투자해야 하는지를 정하는 것도 좋은 방법 가운데 하나다.

③ 학습 진행은 쉽게!

공부하는 것이 쉽지 않으면 아이들은 흥미를 잃어 포기하거나 학원 또는 부모에게 의지하게 된다. 따라서 아이와 끊임없이 대화하며 어떤 것이 힘들고 무엇이 필요한지 들어주고 적극적으로 도와주어야 한다. 이때 엄친아들의 공부 스타일을 그대로 따라 하는 것보다는 아이에게 맞는 맞춤형 학습이 필요하다. '자기주도학습'이란 정형화된 시스템 속에 아이를 밀어 넣는 것이 아니라 각기 다른 성향과 개성을 가진 아이들에게 맞춰 주는 주관적인 학습법이기 때문이다. 내 아이가 주인공이 되는 학습법을 찾는 것, 그것이 자기주도학습을 성공으로 이끄는 열쇠다.

자기주도학습 전략 8가지 원칙

❶ '공부했다'는 함정에 빠지지 마라. 학원에서 시간이나 분량으로 때운 건 공부가 아니다.

❷ 작은 성공 경험이 힘이 된다. 아이의 작은 성취를 칭찬하라. 모든 것을 다 잘할 수는 없다.

❸ 아이가 공부할 때 부모도 함께 공부하라. 집중력의 마법을 느낄 수 있다.

❹ 내게 꼭 맞는, 실현 가능한 목표를 찾아 실천하라.

❺ 지나친 욕심은 금물이다. 욕심이 지나치면 좌절감만 불러일으킨다.

❻ '넌 할 수 있어'와 같은 긍정의 말을 자주 하라. 자신감은 불가능도 가능하게 만든다.

❼ 몸의 사이클에 맞추어 시간을 슬기롭게 활용하라. 자투리 시간을 절대 낭비하지 말고 효과적으로 사용해야 한다.

❽ 공부는 습관이다. 습관을 바꾸는 데는 인내심이 필요하다. 부모도 비슷한 습관을 갖기 위해 노력하고 기다려라.

- 모여라 북클럽!

- 북클럽, 내 아이를 알아 가는 시간!

- 북클럽, 함께 크는 법을 배우는 시간

- 엄마표가 아닌, 이젠 아빠표 북클럽으로!

- 북클럽 열풍, 중국 대륙으로 불다!

- 북클럽, 어떻게 하냐고요?

사교육 다이어트 4
신바람 북클럽
_규원이네 이야기

생각하지 않고 읽는 것은
잘 씹지 않고 먹는 것과 같다.

E. 버어크

...

놀이는 유년기에 가장 순수하고
영적인 인간 활동이다.

프뢰벨

모여라 북클럽!

2006년 겨울, 규원 엄마는 살고 있는 아파트에 전단지 300부를 만들어 돌렸다. 다섯 살 규원이와 함께 책도 읽고 이야기도 나눌 친구들을 모아 북클럽을 만들어 볼 생각이었다. 그런데 걱정했던 것과 달리 전단지를 돌리자마자 반응이 너무 뜨거워서 정원 여덟 명이 순식간에 채워졌다. 놀라운 일이었다.

그날 이후 여덟 명의 친구는 '모여라 북클럽'이란 이름으로 매주 목요일 저녁 규원이네 집에서 모임을 가졌다. 처음에 규원이 엄마는 외둥이 규원이에게 친구를 만들어 주고, 더불어 아이들에게 책 읽는 즐거움을 느끼게 해주고 싶어서 북클럽을 만들었다. 그런데 시간이 지날수록 책을 읽은 뒤에 자신의 생각을 말하고 글로 쓰게 하면 더 좋을 것 같다는 생각이 들었다. 문자와 언어 활동이 활발하지 않은 아이들이 북클럽을 통해 좀 더 적극적인 마음을 가질 수 있다면 학교에 입학해서도 분명 도움이 될 거라는 확신이 들어 북클럽 수업에 점점 의욕이 생겨났다.

모여라 북클럽!

인구는 전 세계 0.2%에 불과하면서도 노벨상은 20~30%를 차지하는 유대인! 그 비결은 토론식으로 공부하고, 부모가 선생님이 된다는 데 있습니다. 사랑스러운 우리 아이를 위해 북클럽을 만들어 줍시다. 부모가 아이들에게 본을 보입시다!

- 대   상 : 만 4~5세
- 장   소 : 규원이네 집(○○○동 ○○○호)
- 시   간 : 매주 목요일 오후 7시 30분
- 회   비 : 무료, 책은 각자 구입
- 선 생 님 : 규원이 엄마
- 문의 전화 : ○○○-○○○

※선착순 8명 마감입니다. 바로 연락 주세요!

목요일 저녁, 오늘도 어김없이 규원이네 집에서는 여덟 명의 아이가 옹기종기 모여 열심히 책을 읽고 있었다. 북클럽이 시작되려면 아직 한 시간은 더 남았지만 아이들은 이미 모두 도착해 있었다. 오히려 늦은 쪽은 규원 엄마였다. 규원 엄마는 늘 직장에서 퇴근하자 마자 옷도 갈아입지 못하고 수업을 진행하곤 한다. 오늘도 마찬가지다.

"자, 오늘 우리가 읽을 책이 뭘까요?

"《나쁜 어린이표》요."

초등학교 2, 3학년인 일곱 명의 아이는 규원이와 적어도 1년에서 5년을 함께 해온 형과 누나들이다. 5년 전만 해도 겨우 글자를 읽기 시작했는데, 이제는 책을 읽고 자기의 생각을 척척 말할 정도로 훌쩍 컸다.

"만일 너희들이 선생님이면 어떻게 할까?"

《나쁜 어린이표》를 읽은 뒤에 규원 엄마가 아이들에게 슬쩍 질문을 던졌다.

"나쁜 어린이표를 주지 않고 그냥 경고만 할 거예요."

"교실 앞에 나와서 반성하라고 할 거예요."

"스티커 열다섯 개 되면 바로 전학시켜요!"

아이들은 각자의 생각을 쏟아내느라 정신이 없었다. 처음에는 이런 질문을 던져도 쑥스러워서 표현을 못하던 아이들이었는데, 어느새 자기 생각을 자신 있게 말하는 모습이 대견스러웠다.

사실 아이들이 이렇게 다양한 생각들을 쏟아낼 수 있는 것은 독서의 힘이다. 최소한 북클럽에 오기 전에 약속한 책을 읽어와야만 생각에 힘이 붙기 때문이다. 만일 책을 읽어 오지 않으면 침묵하면서 자신감을 잃을 뿐만 아니라 북클럽에 대한 재미까지 잃어버린다.

그래서 규원 엄마는 북클럽에 오기 전에 책을 챙겨서 읽을 수 있도록 부탁했다. 물론 책 읽는 습관이 몸에 배기 전까지는 엄마들이 도와주어야 했지만, 어느 정도 시간이 흐른 뒤에는 아이들이 스스로 책을 챙겨 읽고 북클럽에 참여하게 되었다. 그리고 오늘처럼 다양한 생각 보따리를 적극적으로 풀어놓았다.

책읽기가 끝나면 다음은 독후 활동이 이어진다. 독후 활동은 북클럽에서 아이들이 가장 재미있어 하는 시간이다. 오늘은 《나쁜 어린이표》라는 책을 읽은 뒤에 '자신이 어긴 규칙을 써서 휴지통에 버리는 작업'을 했다.

제일 먼저 필규라는 남자아이가 손을 번쩍 들었다.

"저는 무단횡단을 했어요. 무단횡단을 하면 훨씬 가까워서……. 죄송합니다."

필규는 고해성사를 하듯 중얼거리더니 자신의 잘못이 적혀 있는 종이를 휴지통에 던져 넣었다.

"그래, 무단횡단 하면 안 되지. 근데 사실 가끔 나도 '가까우니까 그냥 건널까?' 하는 마음이 들 때가 있어. 그렇지만 위험하니까 앞으로는 그럼 안 되겠지?"

"네."

"자, 그럼 규칙 어긴 것들을 휴지통에 버렸으니까 이젠 어떡해야 하지? 우리가 휴지통에 버리는 건 왜 그러는 걸까?"

"다음부턴 규칙을 잘 지키라구요."

"그래. 맞았어! 앞으로는 우리 모두 규칙을 잘 지키는 사람이 됩

케이크 만들기와 된장 담그기 등 독후 활동의 다양한 모습들

시다, 알았죠?”

“네.”

아이들이 동시에 입을 모아 힘차게 합창을 했다.

규원이네 북클럽에서는 이 외에도 여러 독후 활동이 이루어졌다. 자신이 주인공이 되어 이야기를 바꿔서 써 보거나, 주인공에게 편지를 쓰는 등 다양한 활동으로 상상력과 창의력을 키워 간다. 또 북클럽 엄마들의 도움을 받아 《천둥 케이크》라는 책을 읽었을 때는 정말 생크림 케이크를 만들었고, 《메주꽃이 활짝 폈네》라는 책을 읽었을 때는 메주를 만들어 된장을 담가 보기도 했다. 규원 엄마는 이런 활동들이 단순한 이벤트로 끝나는 것이 아니라, 아이들에게 책읽기는 즐거운 놀이요, 생각의 꽃을 피우는 계기가 될 것이라고 확신한다.

그리고 규원이네 북클럽에는 다른 독서 클럽들과 차별화된 것이 또 있다. 그건 바로 규원이 할머니가 특별 선생님으로 계시다는 것이다. 할머니는 가끔 전래 동화를 들려주시는데, 할머니에게 듣는 전래 동화는 책으로 읽을 때와는 다른 재미와 맛이 나는지 아이들이 아주 즐거워했다. 게다가 할머니는 팥죽이 소재가 되는 동화책을 읽으면 아이들에게 팥죽을 쑤어 주기도 하고, 열두 달 세시 풍속에 관한 책을 읽으면 할머니 어렸을 때의 일화를 생생하게 들려주기도 해서 아이들에게 특히 인기가 많다.

그런데 이런 할머니도 규원 엄마가 북클럽을 만든다고 했을 때는 반대했었다. 직장 다니며 규원이 하나 키우기도 벅찬데, 왜 고생을 사서 하냐며 못마땅하게 생각했다.

하지만 규원 엄마는 외둥이로 자라는 규원이에게 형과 누나를 만들어 주고 싶었다. 늘 엄마하고만 소통하고 무엇이든 엄마와 함께 하는 규원이가 혹시라도 또래들과의 관계 형성을 통해 배울 수 있는 것들, 예를 들면 남을 배려한다든가 남의 말을 귀 기울여 듣는 것 등을 놓칠지도 모른다는 생각이 들었다. 또한 형제가 많은 아이들에 비해 사회적인 판단력이나 독립성이 부족하지는 않을까 걱정도 되었다. 때문에 이웃집 친구들과 교류할 기회를 만들어 주자고 생각했고, 다행히 비슷한 고민을 가진 부모와 아이들이 모여 지금까지 서로에게 도움을 주고받으면서 좋은 영향을 나누고 있다.

북클럽,
내 아이를 알아 가는 시간!

사교육 열풍 속에 사는 우리 사회의 새로운 풍속 하나, 바로 둘째의 희생이다. 사교육비가 무서워 한 자녀 부모들이 둘째를 낳지 않는다는 것이다. 사교육의 중심에 있자니 교육비가 만만치 않고, 사교육의 변방에 있자니 불안한 부모들이 마침내 선택한 것이 둘째를 포기한다는 것이란다. 그야말로 사교육의 대한민국 습격 사건이 아닐 수 없다.

하지만 현명한 대한민국 부모들이 사교육의 습격에 마냥 당하고만 있을 리는 없다. 교육비도 줄이고 아이와 부모가 함께 학습하며 성장할 수 있는 품앗이 교육을 대안으로 찾아냈다. 마음이 통하는 또래 자녀를 둔 엄마들이 모여서 아이들을 함께 교육하는 품앗이 교육이 요즘 우리 사교육 시장과 맞장을 뜬 것이다.

규원이 엄마도 그 대열에서 벌써 5년째 '모여라 북클럽'을 운영하고 있다. 뿐만 아니라 어느새 북클럽 전도사가 되어 자신의 노하우를 많은 사람에게 공개해 화제가 되고 있다. 규원 엄마의 노하우를 하루아침에 담아 갈 수는 없겠지만, 그녀가 쓴 북클럽 운영기를 통해 북클럽이 가져온 변화와 운영 방법을 배워 보자.

규원 엄마가 생각하는 '북클럽이 필요한 이유'

너무 뻔한 얘기 같지만 공부의 기본은 독서다. 엄친아를 길러낸 고수 엄마들도 한결같이 책읽기를 강조하고 있다. 하지만 무조건 책을 많이 읽는다고 성적이 오를까? 결론부터 말하면, 아니다. 흔히 책을 읽고 나서 다 읽었다며 휙 던져 버리는 아이들이 있다. 이런 경우 책읽기의 효과가 30%에 그친다고 보면 된다. 이런 경우는 책을 단순히 읽는 수준, 다시 말해 '스토리를 그냥 아는 수준'에서 더 나아갈 수가 없다. 기억 창고에는 그 책에 대한 몇몇 단상만이 남을 뿐이라는 얘기다. 물론 책을 읽지 않는 것보다는 낫지만, 좀 더 높은 효과를 기대하려면 다른 방법을 찾아야 한다. 그것이 바로 북클럽이다. 북클럽은 책읽기의 효과를 30%에서 80%로 끌어올릴 수 있다. 아이들은 북클럽 활동을 하면 '같은 책을 읽고도 이렇게 다른 생각을 할 수 있구나!' 또는 '다른 친구의 시각으로 이해하니까 책이 새롭게 보이네!' 등 다양한 사실을 알게 된다.

또한 북클럽 운영은 아이들에게 '공존의 사고를 가르친다'는 점에서도 중요하다. 북클럽은 '다른 사람의 존재가 반드시 필요하며 모두가 적극적으로 의견을 얘기해야 내게 도움이 된다', 또 '다른 사람은 나의 생각을 통해 도움을 받는다', 그리고 '다른 공부에서는 경쟁 상대였던 주변 친구가 이 활동에서만큼은 협력자가 된다'와 같이 생각의 흐름이 바뀌는 것이다.

그렇다면 책읽기의 효과를 100%에서 120%로 올리는 방법도 있을까? 그것은 바로 1년에 한 번쯤 직접 책을 만들어 보는 것이다. 먼저 주제를 직접 정하고 글을 쓴 다음, 삽화까지 그려 넣어 책을 꾸며 본다. 이런 과정은 곧 다른 사람이 운전하는 것을 보기만 했던 사람과 직접 차를 운전해 본 사람의 차이라고 말할 수 있다.

내 아이를 알아 가는 시간 – 외둥이 규원이의 변화

"자. 다음은 누구 차례지? 규원이가 읽을 차례네."
"……."
규원이는 대답도 하지 않았다.
"어? 규원이 어디 갔나?"
"아니오. 규원이 여기 있어요."
답답했는지 친구들이 규원이를 대신해서 대답했다.
"용을 만난 공주가 어떻게 됐는지 친구들이 궁금하대. 규원아, 빨리 읽어 주자.”

“…….”

규원이는 여전히 입을 꾹 다문 채 아무 말도 하지 않았다.

“야~아, 빨랑 읽어!”

친구들이 규원이에게 책읽기를 재촉했지만 규원이는 고개를 절레절레 흔들더니 급기야 울음까지 터뜨렸다.

매주 목요일 저녁 아이들은 북클럽에 오기 전에 그 주에 수업할 책을 두세 번은 읽어 온다. 그러나 혼자 읽는 것과 달리 소리 내어 읽는 자세와 듣는 자세에도 훈련이 필요해, 수업 시간 중에 아이들이 돌아가면서 책을 한두 쪽씩 읽도록 한다. 물론 처음 북클럽을 시작했을 때는 대부분의 아이들이 쑥스럽기도 하고 익숙하지도 않아

북클럽의 진지하면서도 재미있는 수업 시간

더듬거리며 읽거나 귀담아듣지 않아서 여러 번 지적을 당하곤 했다. 그러나 시간이 지나면서 아이들에게 자신감이 붙어 발표할 때도 또박또박 큰 소리로 말하고, 듣는 자세도 눈에 띄게 좋아졌다.

그런데 유독 규원이만은 달랐다. 어느 정도 시간이 지났으니 익숙해질 법도 한데, 좀처럼 나아지지 않았다. 소리 내어 읽을 때도 규원이는 늘 이렇게 애를 먹었다. 물론 발표할 때도 스스로 손을 든 적이 없었다.

자신이 생활하던 집에서 수업하고 선생님 또한 한집에서 살 비비며 사는 엄마인데, 도대체 뭐가 문제인지 이해할 수가 없었다. 만일 첫 수업이라면 친구들이 낯설어 그럴 수 있겠다 싶지만, 이미 오랜 시간을 함께해 왔는데 아직도 주목받는 것을 부담스러워 한다는 게 답답하고 안쓰러웠다.

규원 엄마가 북클럽을 시작한 이유 가운데 하나는 규원이의 내성적인 성격을 바꿔 주기 위해서였다. 평소 수줍음도 많고 남 앞에 나서는 걸 끔찍하게 싫어하는 아이라 또래 친구들과 어울리다 보면 좋아지겠지 싶었다. 하지만 시간이 꽤 지났는데도 별반 달라진 게 없었다.

'내성적인 성격도 어떻게 보면 아이의 특성인데, 그냥 있는 그대로를 인정해 줘야 하나?'

규원 엄마는 좀처럼 달라지지 않는 규원이를 바라보며 마음이 복잡해졌다. 어쩌면 규원이에게 타고난 성격에 맞는 일을 찾아 주고, 남에게 피해 주지 않으면서 행복하게 살 수 있도록 도와주는 게 나을지도 모른다는 생각까지 들었다. 최상위 영재들의 75%도 내성적인 성격이고, 오바마 대통령은 물론 빌 게이츠와 워런 버핏도 모두 내성적인 성격이라는데, 규원이도 타고난 성격을 인정해 주는 게 맞는 것 같기도 했다.

그러나 우리 사회가 외향적인 사람들을 선호하다 보니 내성적인 사람들은 사회적으로 위축되는 게 현실이지 않은가. 또한 자기주장을 확실하게 펼칠 수 있는 사람이 대접받는 세상이니 그대로 둘 수도 없을 것 같았다.

성격을 바꾸는 게 쉽지는 않겠지만 결코 바꿀 수 없는 것도 아니니까 다시 노력해 보자는 생각이 들었다. 규원이는 아직 어린데 이대로 방치하는 건 부모로서 너무 무책임한 일일 수도 있다. 더욱이 당장 초등학교에 입학하면 더 많은 아이들 앞에서 발표도 해야 하고 책 읽을 기회도 많을 텐데 싶어, 규원 엄마는 조금 더 훈련을 시켜 보기로 했다.

규원 엄마는 먼저 규원이가 책을 소리 내어 읽도록 유도했다. 한 번, 두 번, 세 번……. 몇 번씩 반복해 읽으니까 목소리에 조금씩 자신감이 붙는 것 같았다.

"어머, 우리 규원이가 책을 아주 잘 읽네. 또박또박 읽는 게 엄마 귀에 쏙 들어오는데!"

엄마는 일부러 호들갑스럽게 칭찬을 했다. 규원이도 엄마의 칭찬에 기분이 좋아졌는지 더 열심히 책을 읽었다. 이제 제법 긴 문장도 더듬거리지 않고 잘 읽어 나갔다. 줄거리도 완벽하게 이해해서 엄마의 질문에 빠짐없이 대답했다. 가끔 엄마가 틀린 답을 유도했지만 규원이는 그때마다 콕콕 꼬집어 내곤 했다.

"와, 우리 규원이가 정말 책을 제대로 잘 읽었구나. 엄마보다 더 똑똑한데! 이제 북클럽에서도 잘할 수 있지?"

엄마는 규원이의 성격이 많이 달라졌다고 생각했다. 더 이상 북클럽에서 엄마를 애타게 하는 일은 없을 거라고 확신하며 목요일을 기다렸다.

그런데 어떻게 된 일일까? 규원이는 달라진 게 하나도 없었다. 기대와는 달리 북클럽 시간에 다른 아이들 앞에서 책을 읽지도 않았고, 손을 들어 자기 의견을 발표하지도 않았다. 엄마와 둘이 있을 때는 책 내용을 거의 외우다시피 했는데 왜 북클럽 시간만 되면 꿀 먹은 벙어리가 되는지 알 수가 없었다. 규원 엄마는 2만 볼트 전기에 감전이라도 된 듯 기운이 쭉 빠져 버렸다.

"여보, 어쩌죠?"

그날 저녁 규원 엄마는 퇴근해서 돌아온 규원 아빠에게 고민을 털어놓았다.

"왜? 무슨 일 있어요?"

"북클럽 시간에 다른 애들은 다 돌아가면서 책을 읽는데, 우리 규원이만 좀처럼 소리 내서 읽지를 않아요. 집에서 나랑 연습할 때는 꽤 잘 읽는데, 친구들 앞에서는 왜 그런지 모르겠어요."

엄마는 우울한 표정을 지으며 한숨까지 내쉬었다. 그런데 엄마 말을 들은 규원 아빠가 뭐가 재미있는지 갑자기 큰 소리로 웃었다.

"하하하!"

"아니, 난 심란해 죽겠는데 왜 웃어요?"

"자식, 북클럽 학생 중에 자기보다 잘 읽는 애가 있는 모양이구만."

"네? 그게 무슨 말이에요?"

"그러니까, 규원이가 책을 아주 잘 읽은 친구가 있어서 안 읽는다는 거예요. 그 친구만큼 유창하게 읽을 자신은 없고, 더듬더듬 읽자니 자존심은 상하고. 그러니까 아예 읽는 걸 거부하는 거지."

뜻밖이었다. 엄마는 규원이에게 이런 이유가 있을 거라고는 생각도 못했다.

"나 참! 어떻게 그런 건 안 가르쳐 줘도 똑같이 닮는지 몰라! 하하하."

아빠는 재미난 것을 발견했다는 듯 기분 좋게 웃었다.

실수가 두려워 입을 떼지 않은 자존심이 무지 강한 아이, 그 아이가 바로 규원이였던 것이다.

엄마는 이제야 규원이의 행동들이 이해가 갔다. 규원이는 새로운 상황에 접하는 것을 끔찍이 싫어하고 어떤 일이든 자기보다 잘하는 사람이 나타나면 이내 기가 죽었다. 아이들 중에는 질문에 대한 답을 완전히 준비하지 못한 상태에서도 손부터 번쩍번쩍 드는 아이들이 있는데, 규원이는 답을 알면서도 두 번 세 번 확인을 한 뒤에야 손을 드는 소심하고 꼼꼼한 아이였다. 그러다 보니 다른 아이들보다 늘 한 박자가 늦었고, 발표할 기회를 얻지 못하면서 금방 의욕을 잃었던 모양이다.

그날 이후 엄마는 규원이의 자존심을 살려 줄 방법들을 찾기 시작
했다. 제일 먼저 규원이에게 자신감을 심어 주도록 아빠에게 부탁
을 했다.

"여보, 당신이랑 규원이랑 책읽기 시합하면 어떨까요?"

"규원이랑 시합을 하라고?"

"네. 당신이랑 규원이 둘 중에 누가 틀리지 않고 오래 읽나 시합
하는 거예요."

"아, 그거 좋은 생각이네! 규원이도 좋아하겠는걸."

그날 밤, 아빠는 규원이에게 책읽기 시합을 하자고 제안했다. 큰
소리로 틀리지 않고 오래 읽는 사람이 이기는 게임이었다.

"심판은 엄마가 볼게. 시작하면 두 사람 동시에 책 읽는 거예요.
시작!"

엄마가 신호를 보내자 아빠와 규원이가 큰 소리로 또박또박 책을
읽기 시작했다. 규원이는 경기장에 들어선 경주마처럼 혼신을 다해
열심히 읽어 내려갔다. 이렇게 밤마다 아빠와 규원이가 책읽기 시
합을 벌였다. 그리고 얼마 후, 규원이가 엄마에게 물었다.

"엄마, 북클럽 수업하려면 며칠 남았어요?"

아빠와의 책읽기 시합을 통해 자신감을 얻었는지 규원이가 북클
럽을 기다리는 것 같았다. 드디어 북클럽 모임이 있는 날, 규원이의
태도가 다른 날과 사뭇 달랐다.

"자. 오늘은 누구부터 책을 읽어 볼까?"

"저요! 저요!"

아니나 다를까, 규원이가 제일 먼저 손을 번쩍 들고 일어나서 소리쳤다. 그때의 감격이란 이루 말할 수 없었다.

규원 엄마의 두 번째 계획은 규원이에게 실수에 대한 생각을 바꿔 주는 것이었다. 사람은 실수를 통해서 배우며 실수하는 게 절대로 창피한 일이 아니라는 사실을 일러 주고 싶었다. 그래서 규원이가 뻔히 알고 있는 것을 틀리게 말하기도 하고, 알면서도 모르는 척하며 "아이구, 엄마가 잘못 알고 있었구나. 하지만 이제 제대로 알았으니까 다음엔 틀리지 말아야겠다"라든가, "엄마가 실수했는데 규원이가 이해해 줄래? 엄마도 다음에 규원이가 실수하는 거 흉보지 않을게" 라는 식으로 얘기했다.

또 북클럽 수업 시간에도 실수를 많이 하는 아이에게 일부러 격려상을 주었다. 그리고 정답을 얘기하는 아이보다는 맞고 틀리는 것에 상관하지 않고 열심히 참여하는 아이를 더 많이 칭찬해 주었다. 그러자 규원이도 아주 서서히 실수에 대해 마음의 문을 열어 가는 것 같았다. 이제 규원이도 실수를 저지르지 않는 것보다는 실수를 저질렀을 때 그것을 인정하고 다시는 되풀이하지 않으려고 노력하는 것이 더 중요하다는 사실을 알게 될 거라 믿었다.

세 번째는 규원이에게 한 가지 질문에도 여러 답을 얘기할 수 있다는 사실을 알려 주는 것이었다. 누군가가 질문을 했을 때 다른 사람이 먼저 손을 들었거나 먼저 답을 찾았다고 해서 포기하지 말고, 자기 나름대로 끝까지 문제를 해결해 나가는 것이 중요하다고 반복해서 일러 주었다. 그래서 북클럽 시간에도 가능한 한 여러 답을 할 수 있는

질문들을 만들어 넣었고, 가급적 많은 아이들이 자기 의견을 발표할
수 있도록 신경을 썼다. 이를테면 수업 시간에 이런 질문을 했다.

"애들아, 만약에 털 없는 닭이 병에 걸렸다면 무슨 병이었을까?"

그러자 아이들이 다양한 대답들을 거침없이 쏟아냈다.

"감기요. 만날만날 맨몸으로 다니니까 추울 거 아니에요."

"가려운 병이요. 먼지랑 나쁜 균들이 쉽게 달라붙으니까요."

"아무 병에도 안 걸렸을 것 같아요. 만날 그렇게 다니니까 더 튼튼
해져서……."

아이마다 잘하는 것이 다르고 배우고 습득하는 과정도 모두 달랐
다. 어떤 아이는 유난히 상상력이 풍부한가 하면, 또 어떤 아이는 사
실을 정확하게 잡아내고 묘사하는 능력이 뛰어났다. 사람들의 생김
새가 다르듯 생각도 다르다는 평범한 진리를 놀라운 마음으로 다시
한 번 확인할 수 있었다.

규원 엄마는 만일 규원이와 둘이서만 책을 읽고 이야기를 나누었
다면 아이들의 이런 다양하고 재미있는 모습을 관찰할 수 없었을 거
라고 생각했다. 놀이터에서 노는 것만으로 내 아이가 또래들과 어
떻게 다르고 어떤 행동을 하는지 정확하게 알 수 있었을까? 아마도
북클럽을 이끌어 가지 않았다면 언제나 낯선 상황에서 주춤거리는
규원이에 대해 걱정만 했을 것이다. 아니면 무작정 야단치고 다그
쳐서 상처받게 하거나, 지금보다 더 자신 없는 아이로 만들었을지도
모를 일이었다.

북클럽,
함께 크는 법을 배우는 시간

　"우리 아이는 책을 너무 좋아해서 화장실 갈 때도 책을 들고 가요. 집에 있는 책을 다 읽은 거 있죠?"

　몇 년 전 이웃에 사는 엄마가 뿌듯한 표정을 지으며 말했다. 마침 아이가 들어와 이야기를 나누어 보았는데, 뜻밖에도 책을 많이 읽은 아이답지 않게 말에 조리가 없었다. 논리적이지 못하고, 심지어 어눌하고 산만하기까지 했다. 규원 엄마는 아이에게 슬쩍 물었다

　"책을 많이 좋아한다며? 가장 인상 깊게 읽은 책이 뭐야?"

　"뭐, 다…… 그냥 그래요."

　"그래? 책을 아주 많이 읽었다고 들었는데 기억에 남는 게 없어?"

"엄마 잔소리 듣기 싫어서 책 들고 화장실로 간 거예요. 책 들고 가면 야단맞지 않거든요."

순간, 규원 엄마는 깜짝 놀랐다. 이웃집 엄마는 아이가 집 안에 있는 전집을 모두 다 읽었다고 뿌듯해 했는데, 아이는 책을 읽기는커녕 엄마를 속였던 것이다. 그렇다면 이웃집 엄마는 아이와 책을 주제로 한 번도 이야기를 한 적이 없었다는 얘기다. 가끔 이렇게 독서량만을 자랑하며 뿌듯해 하는 엄마들이 있다.

북클럽 아이들은 매주 다양한 책을 함께 읽고 그 책의 주제를 두고 이야기를 나눈다. 아이들은 같은 책을 읽고도 다르게 생각한다. 《지각대장 존》을 읽고 아이들에게 질문을 했을 때의 일이다.

"네가 선생님이라면 '존이 악어가 나타나서 학교에 늦었어요'라고 하면 어떻게 말해 줄래?"

그러자 한 아이가 말했다.

"꼭 안아 줄 거예요."

규원 엄마는 아이의 말에 깜짝 놀라서 되물었다.

"왜?"

"무서웠을 테니까요."

"그렇구나. 그래, 무서웠을지도 모르겠다. 또 다른 사람은?"

《지각대장 존》

“ ‘너, 자꾸 그런 소리 하면 다음번에는 회초리로 때려 줄 거야’ 라고 말할래요.”

“왜?”

“거짓말하는 것 같아서요.”

아이들마다 기발한 생각들을 거침없이 이야기했다. 똑같은 질문에도 톡톡 튀는 대답을 하는 아이들이 신기하고 재미있었다. 감수성과 통찰력이 없다면 절대 이런 대답을 내놓을 수 없을 텐데, 아이들에게 참 고마웠다. 규원 엄마는 북클럽을 맡아 하면서 아이들보다 자신이 더 많은 혜택을 받는 것 같아 늘 즐겁고 행복하다.

북클럽에서는 주로 똑같은 책을 읽고 똑같은 주제를 정해 각자의 생각을 말로 또는 글로 표현하는 수업을 한다. 그러나 아이들마다 특징이 있어서 그런지 아무리 똑같은 책을 읽혀도 48색 색연필처럼 생각들이 다채롭고 흥미롭다. 때로는 엉뚱하기도 하고 때로는 놀랍기도 하고, 어른들의 보편적인 의견을 뛰어넘는 생각들을 꺼내 놓을 때는 경이롭기까지 하다.

아이들 역시 같은 책을 읽었지만 다른 아이들의 생각과 비교하면서 ‘아, 저렇게 생각할 수도 있겠구나!’ 하는 것을 배우게 된다. 이처럼 똑같은 주제에 대한 전혀 다른 생각들을 접하면 아이들도 상상력이 풍부해져 마치 여러 권의 책을 읽은 듯 착각을 하기도 한다. 물론 혼자 책을 많이 읽는 것도 중요하지만 북클럽에서처럼 주제를 갖고 함께 이야기하면 생각의 각도도 넓어질 뿐 아니라 그 책에 대해 특별히 애착이 생기기도 한다. 따라서 책장에 예쁘게 꽂혀 있는 전집류와는 차원이 다른 애정을 쌓을 수 있다.

성장 과정에서 나타나는 아이들의 문제를 해결하는 데도 북클럽이 많은 도움이 된다. 특히 서로의 존재가 문제 해결의 핵심 역할을 할 때가 있는데, 그 좋은 예가 '경청'이다.

규원 엄마가 북클럽을 하면서 가장 힘들어 했던 것 가운데 하나가 아이들이 다른 사람의 이야기를 도무지 들으려 하지 않는 것이었다. 남의 이야기를 끝까지 듣지 못하고 불쑥불쑥 끼어드는 아이가 있는가 하면 주제와 전혀 상관없는 이야기를 하는 아이, 관심을 받기 위해 돌출 행동을 하는 아이, 다른 아이의 이야기가 자신의 의견과 일치하지 않는다는 이유로 비난을 하는 아이 등, 아이들의 나이가 어리다는 것만으로 이해해 주기에는 상태가 매우 심각했다. 말하고 쓰는 것보다 귀 기울여 듣는 것이 더 중요한데, 아이들에게서는 전혀 그런 자세를 찾아볼 수가 없었다. 남의 말을 귀 기울여 듣는 것이 사람의 마음을 얻는 가장 기본적인 자세이자 최고의 무기라는데, 아이들은 오히려 상대방의 이야기는 아랑곳하지 않고 자기주장을 내세우느라 정신이 없었다. 규원 엄마는 아이들이 남의 말에 자연스럽게 집중하게 하고 경청하는 태도를 가질 수 있는 방법이 없을까 고민했다.

먼저 아이들이 남의 이야기를 경청하지 못하는 것은 평소 어른들이 아이들의 이야기를 잘 들어 주지 않았기 때문일지도 모른다는 생각이 들었다. 그래서 아이들이 이야기할 때는 우선 충분히 들어 주었다. 그리고 아이들의 태도 변화를 이끌어 내기 위해 이런 제안을 했다.

"오늘부터는 선생님이나 친구들 말을 바르게 앉아서 가장 열심히 듣는 친구에게 상을 주겠어요. 그리고 발표를 열심히 한 친구에게도 상을 줄게요. 알았죠?"

규원 엄마는 '자세상'과 '발표상'이라는 것을 만들면 경쟁심을 자극해서 태도가 좋아질 거라고 생각했다. 실제로 시간이 점점 지나자 아이들이 조금씩 변하기 시작했다. 성공인 듯 보였다. 그러나 이런 상쯤으로 아이들의 문제가 쉽게 해결될 거라고 생각한 것이 잘못이었다.

"선생님, 저는 왜 상 안 줘요?"

"상?"

"네. 저도 발표했잖아요. 쟤네들 얘기할 때도 잘 들었구요!"

"그래, 맞아. 오늘도 잘했지만 다음 시간에 더 잘해서 꼭 받도록 하자."

"에잇, 말도 안 돼."

"선생님, 근데 저는 왜 안 주세요? 저도 아까 발표했는데……. 자세도 좋았고요."

아이들은 상의 목적보다 젯밥에 더 관심을 보였다. 책을 읽고 내용을 충분히 이해한 뒤에 발표를 해야 하는데, 발표를 하기 위해 책을 읽는 경우가 생긴 것이다. 그런가 하면 어떤 아이는 발표와는 상관없이 상을 달라고 떼를 쓰는 웃지 못할 일이 벌어지기도 했다.

그러나 반대로 효과를 본 경우도 있었다. 어느 날 수업이 시작되었는데도 아이가 잠에서 깨어나지 못해 엄마가 북클럽으로 업고 온 적이 있었다.

"일어나자. 수업 시작했어!"

"음냐~ 음냐~."

잠에 취한 아이는 꼼짝도 하지 않았다. 그때 규원 엄마에게 좋은 생각이 떠올랐다.

"자, 일어나서 네가 발표상과 자세상 받을 친구들을 뽑아 줄래?"

"……."

아이는 눈을 살며시 뜨고는 규원 엄마를 쳐다보았다.

"물론 너는 심사를 해야 하니까 수업은 못 하겠지?"

아이 엄마도 규원이 엄마를 거들었다.

"좋겠다! 네가 상 줄 친구들을 뽑는 거래."

순간, 아이는 거짓말처럼 벌떡 일어나 큰 소리로 대답했다.

"네. 제가 뽑을게요!"

그동안 '자세상'과 '발표상'은 엄마들이 돌아가면서 수업에 참관해 심사는 물론 시상까지 해왔다. 그런데 오늘은 아이에게 직접 뽑아 보라며 기회를 주었다. 그러자 그 아이는 누가 시키지도 않았는데 볼펜을 들고 와서 진지한 자세로 아이들을 찬찬히 관찰했다. 지금까지 봐 왔던 자세 가운데 가장 적극적이고 진지한 모습이었다. 그리고 그날처럼 수업에 집중한 적도 없었다. 하긴 수상할 친구들을 공정하게 뽑기 위해서는 듣는 자세가 중요하니 당연한 일이었다.

규원 엄마는 얼떨결에 제안한 아이디어로 많은 효과를 얻는 것 같아 기분이 좋았다. 그래서 그날 이후 엄마들이 했던 심사위원 일을 아이들에게 돌아가면서 하자고 제안했다. 신기하게도 심사에 참여했던 아이들은 너 나 할 것 없이 수업에 더 집중하는 모습을 보였다. 특히 귀 기울여 듣는 자세가 확실히 좋아졌다. 아마도 상 받을 친구를 선정하려면 주의 깊게 들어야 하니까 자세의 중요성을 깨달은 것 같았다. 2년이란 시간이 지난 지금도 내 의견을 먼저 말하기보다는 다른 아이들의 의견을 끝까지 들어 주는 인내심을 발휘하고 있다.

"규원이 하나 키우는 것도 시간이 부족해 허덕거리면서, 넌 무슨 오지랖으로 남의 아이들까지 모아서 북새를 떠냐?"

북클럽을 처음 시작할 때 규원이 할머니는 시간에 쫓기며 바쁘게 사는 며느리가 안쓰러워 이렇게 말씀하셨다. 그러나 지금은 북클럽 수업을 할 때마다 흐뭇해 하신다.

"고만고만한 것들이 뭘 하나 싶었는디, 이젠 제법이다야. 전혀 딴판이여."

뿐만 아니라 요즘은 할머니가 북클럽 수업을 더 기다리시고, 혹시나 규원 엄마가 바빠서 챙기지 못하는 것들은 없는지 꼼꼼하게 살피신다. 심지어 할머니는 아이들의 간식을 준비하는 일까지도 즐거워 하신다.

또 한 달 분량의 북클럽 책이 도착하면 규원 할머니도 빠짐없이 읽으신다. 할머니께서 지극 정성으로 규원이를 키웠지만 규원이에게 해줄 수 없는 부분이 있었는데, 북클럽을 통해 규원이가 또래들과 관계를 형성해 가며 함께 성장하니까 북클럽의 열혈 팬이 되어

적극 도와주시는 것 같다. 아무튼 북클럽 엄마들도 할머니께 고마
워하며 어버이날이면 카네이션을 들고 와 감사의 마음을 전한다.
어쩌면 이런 것들이 '모여라 북클럽'이 5년이란 시간을 거뜬히 채
워 올 수 있었던 원동력인지도 모르겠다.

앞으로 아이들이 살아갈 21세기는 커뮤니케이션 능력이 원활하
고 유연한 사고를 갖추는 것이 기본이라고 한다. 혼자서 책을 읽는
것도 중요하겠지만 북클럽에서는 다른 사람의 존재를 통해 자연스
럽게 커뮤니케이션 능력을 키워 갈 수 있다. 북클럽은 선생님의 생
각을 아이들에게 일방적으로 전달하는 것이 아니라, 아이들의 의견
으로 진행되기 때문에 아이들이 유연한 사고를 갖게 되는 것 같다.
또한 북클럽에서는 같은 책을 읽고 이야기를 나누는 상호 작용이
필요하다. 따라서 서로의 존재가 서로의 성장에 도움이 되는 것이
다. 혼자 하는 책읽기와 북클럽 활동의 차이가 여기에 있다.

엄마표가 아닌,
이젠 아빠표 북클럽으로!

　예전의 아빠들은 '바깥양반'이나 '돈을 벌어 오는 가장'이란 이름으로 살았다. 자녀들의 교육은 '집사람'인 엄마들의 몫으로 떠넘기고 아빠들은 경제적인 지원만 해주면 되는 것으로 생각했다. 그러나 요즘 아빠들은 다르다. 집안일은 물론 자녀의 교육에 깊이 관여하고 있을 뿐 아니라, 아빠표 교육도 엄마표 교육 못지않게 중요하다고 생각한다. 아이들의 사회성이나 도전 정신을 길러 주는 데는 엄마보다 아빠의 교육이 훨씬 효과적이며, 사회생활로 얻은 다양한 지식과 인간관계의 노하우 등은 아빠가 갖고 있는 훌륭한 자산이기도 하다. 따라서 이제 아빠는 제2의 엄마가 아니라 아이들을 사랑으로 교육하고 성공으로 이끄는 길잡이요, 평생 친구라고 할 수 있다.

규원이 아빠도 요즘 흔히 말하는 '맹부'에 가깝다. 규원이가 어렸을 때부터 꾸준히 아이의 생활과 학습에 관심을 갖고 대화를 많이 하는 친구 같은 아빠다. 규원이를 위해서라면 무슨 일이든 적극적으로 도와주는 좋은 아빠다.

그러나 북클럽을 시작할 때만큼은 다른 일과 달리 부정적인 반응을 보였다. 물론 북클럽이 무엇인지 몰랐던 이유도 있지만, 아무리 규원이를 위한다고 해도 가뜩이나 바쁜 아내가 새로운 일을 벌이는 게 못마땅했던 것 같다.

"나는 당신이 왜 북클럽을 하려는지 모르겠어. 아무리 동네 아이들에게 무료로 하는 거라도 중간에 포기하거나 하다 말 거라면 아예 시작부터 안 하는 게 낫지 않겠어?"

"중간에 포기 안 해요. 적어도 1년은 넘길 거니까 걱정 말아요."

"당신은 집에서 살림만 하는 엄마들과는 다르잖아. 직장에서 회의가 길어질 수도 있고 워크숍을 갈 수도 있고. 아무튼 갑작스러운 일들로 아이들과 약속을 못 지키면 어쩌려고 그래?"

"북클럽에 참여하는 엄마들도 그 정도는 이해해 줄 거예요. 그리고 될 수 있으면 시간 지키도록 할 거구요."

"그게 당신 마음대로 되나? 암튼 괜히 나 귀찮게 하면 안 돼. 난 몰라!"

규원 아빠는 직장을 다니면서 북클럽 모임까지 하겠다는 규원 엄마를 이해하지 못했다. 매일 발을 동동 구르며 바쁘게 살면서 북클럽은 어떻게 꾸려 가려는지 걱정스럽기도 하고 규원 엄마가 이런저런 핑계를 대며 자신을 끌어들일까 봐 처음부터 으름장을 놓은 것이다.

하지만 규원 엄마도 양보하지 않았다. 남편이 자신을 위해 하는 말인 줄은 알지만 외둥이 규원이에게 새로운 환경을 만들어 주어 사회성도 기르고 폭넓은 인간관계도 갖게 해주고 싶어 끝까지 포기하지 않았다. 결국 규원 엄마가 북클럽 모임을 결성하고 막바지 준비로 바쁘게 움직일 때, 한동안 별 관심을 두지 않던 규원 아빠가 날짜가 바짝 다가오자 걱정이 되었는지 규원 엄마에게 슬쩍 말을 걸어 왔다.

"고만 고만한 아이들이 모여서 집중이나 되겠어?"

"왜요? 걱정돼요?"

"아니, 뭐……. 당신이 알아서 잘하겠지만……."

"걱정되면 당신이 좀 도와주면 되죠!"

"내가? 어떻게, 뭘 도와줘?"

"선생님 하면 되잖아요. 아빠 선생님! 아니면 그냥 옆에만 있어도 아마 당신 때문에 아이들이 조용해지지 않을까요?"

"내가 그렇게 무섭게 생겼냐?"

"당연하지!"

"그러지 말고 우리 규원이 하나만 잘 보살피는 게 어때?"

규원 아빠는 북클럽 모임을 시작하는 날이 얼마 남지 않았는데도 규원 엄마를 설득하려 했다. 그러나 규원 엄마는 완강했다.

"여보! 내가 시간이 많아서 이 일을 하려는 게 아니에요. 우리가 지금 하려는 북클럽은 어떤 상황에서도 꼭 해야 하는, 아이들이라면 모두 경험해야 하는 아주 중요한 활동이라구요."

규원 엄마는 아빠에게 아이들이 북클럽 활동을 통해 평생 책을 즐기고 좋아하게 된다면 그보다 더 의미 있는 일이 또 어디 있겠냐며 이해를 구했다. 북클럽 활동을 통해 남의 의견도 경청하고 자신의 이야기도 조리 있게 발표하는 것이 아이들에게는 그 어떤 교육 활동보다 중요하다는 것까지 자세하게 설명했다.

규원 아빠 역시 아내가 갖은 협박과 으름장(?)에도 끄떡 하지 않자 점차 마음을 바꾸기 시작했다. 그리고 막상 북클럽을 시작하고 나서는 조금씩 관심을 보이기까지 했다. 장소도 그렇고, 시간대 역시 평일 저녁 7시라 퇴근한 뒤에 자연스럽게 북클럽 수업을 보게 되었다. 게다가 규원이가 북클럽 모임을 하고 난 날이면 기분이 좋아져 아빠에게 북클럽에서 있었던 일들을 자랑하자, 점점 든든한 지원군이 되어 주었다. 규원 아빠는 북클럽 모임이 있는 날에는 귀가 시간을 당겨 일찍 들어오거나 수업을 참관한 뒤에 조언을 아끼지 않았다.

"녀석들 아주 제법이던데! 근데 우리 아들은 왜 발표를 안 하는 거야?"

"그래서 내가 북클럽을 더 하려고 했던 거예요."

"그래? 근데, 햐! 두 번째 앉은 녀석은 아주 똘똘하더라. 아주 영특해."

규원 아빠는 이렇게 북클럽에 관심을 갖기 시작했다. 그러더니 퇴

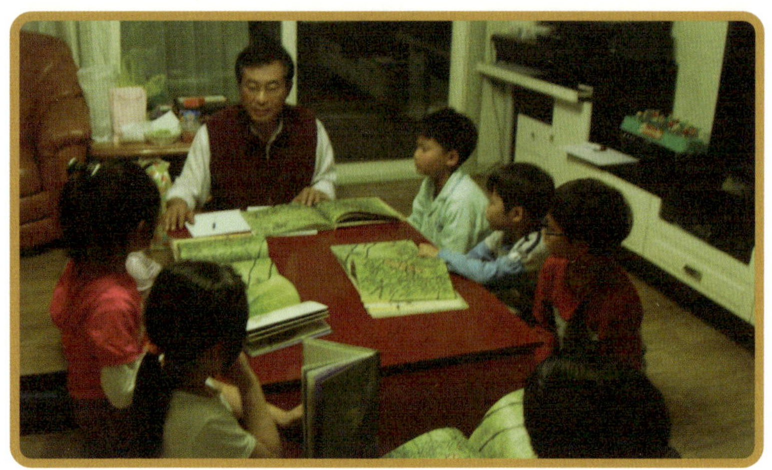

아빠표 북클럽을 진행하는 규원 아빠와 아이들의 모습

근이 늦어 북클럽 수업을 참관하지 못했을 때는 전화를 걸거나 다음 날 이것저것 물어보기까지 한다.

"오늘도 규원이 손 안 들었어?"

"네. 조금 더 기다려야 할 것 같아요."

"그래? 손 들고 발표하는 게 그렇게 힘든가? 하긴 내가 그랬는데 뭐. 진짜 피는 못 속이나 봐, 하하!"

"이러다 학교 가서도 그러면 어쩌죠?"

"그러게. 안 되겠다. 다음 주에는 나도 수업에 참석해서 애들이 수업하는 모습을 좀 봐야겠어."

이런 식으로 규원 아빠는 북클럽 수업에 깊이 관여하게 되었다.

아빠도 함께 참여하는 북클럽

어느 날이었어요. 남편이 일찍 들어와 저녁을 먹고는 아이 방으로 들어가더니 뭘 하는지 한참이 지나도 나오지 않는 거예요. 궁금해서 아이 방문을 열고 들어가 보니까 규원이랑 아빠랑 책을 번갈아 가며 읽더라고요. 그 책이 규원이가 다음 주에 북클럽에서 공부해야 할 책이었죠. 거의 한 시간쯤 읽었나 봐요. 그리고 아이랑 책 내용에 대해 서로 문제를 내고 맞히고 그랬던 모양이에요. 뿐만이 아니라 인터넷으로 작가도 검색하고 끝말잇기도 하고, 아이한테 책 읽는 시범도 보여주고, 가위 바위 보를 해서 번갈아 읽기도 했던 것 같아요. 아무튼 저로서는 너무도 뿌듯한 장면이었죠.

한번은 《구룬파 유치원》이란 책을 읽을 때였어요. 제가 규원이에게 우리가 쓸모없다고 버리는 것도 재활용하면 새로운 것이 된다는 사실을 알려 주려고 요구르트 병을 주워 온 적이 있었어요. '요구르트 병의 양쪽을 뚫어서 전화기도 만들고, 열 개를 가지런히 세워 놓고 볼링 놀이도 해야지' 라고 생각 했죠. 그런데 요구르트 병 밑바닥이 생각보다 잘 뚫리지 않는 거예요.

"엄마, 요구르트 병이 안 뚫려요."

규원이가 이렇게 말하면서 난감한 표정을 짓는데, 어찌나 당황스럽던지 제가 땀이 다 나더라고요. 시어머니께서 얼른 바늘로 뚫어 보자고 하셨지만 잘 안 되긴 마찬가지였어요. 심지어 이불 꿰매는 커다란 바늘을 불에 달궈서 뚫어 보려고 했는데도 잘 안 되더라고요. 아이는 전화기를 만들고 싶어 몸이 달았는데, 정말 난감했어요.

그때 마침 규원 아빠가 퇴근해서 들어오는 거예요. 거실에 요구르트 병이 굴러다니지 바늘까지 나와 있지, 규원 아빠가 깜짝 놀라며 무슨 일이냐고 묻더라고요. 그래서 자초지종을 얘기했더니 양복도 벗지 않고 바로 작은 드릴을 찾아오는 거예요. 그러고는 또로록 또로록 몇 번 소리가 나는가 싶더니 요구르트 병에 구멍이 숭숭 나는 거 있죠. 그걸 보더니 규원이가 좋아하면서 아빠 옆에 딱 달라붙어 앉더라고요. 그러더니 아빠에게서 요구르트 병을 하나씩 받아서 만들기 시작했어요. 만일 규원 아빠가 아니었으면 규원이가 실망했을 텐데, 정말 다행이라는 생각이 들더라고요. 물론 고맙기도 했고요.

북클럽을 하면서 규원 아빠는 이렇게 조금씩 변해 갔어요. 평소 규원 아빠는 사람들이 집에 오거나 북적거리는 것을 부담스러워 하는 조용한 성격이거든요. 옆에서 누가 건드리는 것도 귀찮게 하는 것도 싫어하는 편이에요. 그런데 북클럽을 하고 난 뒤부터는 조금씩 관심을 보이는가 싶더니, 이제는 아이들과 뒹굴며 특별 활동도 하고 박수도 쳐 준다니까요.

아, 지난번에는 이런 일도 있었어요. 일주일 내내 전국을 돌아다니며 자녀 교육에 대해 강의를 해야 했어요. 월요일은 부산에서, 화요일은 대전, 수요일은 수안보, 북클럽이 있는 목요일에는 광주에서 강의가 있었죠. 프로젝트 형식의 강의라 주최 측에서 시간과 장소를 이미 정해 버려서 스케줄 변경은 물론 제가 어찌해 볼 수 없는 상황이었어요. 그래서 할 수 없이 규원이 아빠에게 SOS를 쳤죠.

"여보. 어떡하지? 이번 주 북클럽을 도저히 진행할 방법이 없어."

"그럼 휴강해."

저는 어렵게 얘기를 꺼냈는데 규원 아빠의 대답이 너무 간단한 거예요. 살짝 섭섭했죠. 그래도 꾹 참고 또 얘기했어요.

"여보, 당신 알죠? 내가 독감 걸려서 링거를 세 번이나 맞으면서도 북클럽만큼은 절대 빼먹지 않은 거."

"……."

"좀 도와줘요, 여보."

저는 생전 안 하던 애교까지 부리면서 사정을 했어요. 그랬더니 규원 아빠가 반응을 보이는 거예요.

"어떻게 하는 건데?"

"어머? 여보! 도와줄 거예요?"

저는 얼마나 놀랐는지 저도 모르게 소리를 높여서 물었어요. 그랬더니 규원 아빠가 그러는 거예요.

"한번 해볼게."

저는 너무 좋아서 묻고 또 물었어요.

"정말? 진짜 해줄 거예요?"

규원 아빠는 북클럽이 대수롭지 않다는 듯 말하더라고요.

"나라고 못하겠어? 책은 지난주에 규원이랑 이미 읽어 봤고, 아이들 수준에 맞춰서 내용에 대한 질문 몇 개 하고 느낌이나 그런 거 생각해 보게 하면 되는 거잖아. 그리고 특별활동 준비하면 되는 거 아냐?"

언제 북클럽 수업 과정을 꿰뚫어 살폈는지 규원 아빠가 줄줄이 꿰고 이야기를 하는 거예요. 말은 안 해도 평소에 북클럽에 대한 관심이 엄청 많았던 것 같더라고요. 솔직히 감동 그 자체였어요. 아무튼 규원 아빠 덕분에 저는 마음이 홀가분해졌고, 빽빽한 스케줄에 대한 부담도 함께 날아가는 것 같았죠. 더욱이 북클럽을 남편에게 맡길 수 있다고 생각하니까 그 주에는 강의에 더욱 몰입할 수 있었어요. 규원이도 아빠가 북클럽 수업준비하는 걸 보고는 더 흥분하면서 목요일만 기다렸다고 하더라고요.

그 일이 있고 나서 규원 아빠가 몇 번 더 아빠 선생님이 되어 주었죠. 그 뒤부터는 북클럽 하는 날은 규원 아빠가 저보다 신경을 더 많이 쓰는 것 같아요. 그리고 이제는 책을 함께 읽는 것에 그치지 않고 규원이의 모든 교육에 적극 관심을 갖고 거의 대부분을 함께하고 있어요. 이제 아이의 교육에서는 구경꾼이 아니라 주체가 되어 적극적으로 참여해요. 북클럽을 시작하고 얻은 또 하나의 예상치 못했던 소득이랍니다.

북클럽 열풍,
중국 대륙으로 불다!

"매일 아침 저 엄마들은 무신 이야기가 저리 많다냐?"

"오늘도 나와 있어요?"

아이들을 등교시키느라 나왔던 엄마들이 아파트 마당에 삼삼오오 모여 이야기꽃을 피우는 것을 보고 규원이 할머니께서 못마땅한 듯 말씀하셨다. 그러나 직장맘인 규원 엄마는 가끔은 그 무리 속에 끼여서 엄마들과 이야기를 나누고 싶을 때도 있다. 때때로 자신이 직장 생활을 해서 아이에게 꼭 필요한 정보들을 놓치는 것은 아닌가 하는 불안감이 들어 저렇게 모여 있는 엄마들이 부러웠었다.

그런데 북클럽을 하면서 이런 걱정과 불안이 한꺼번에 싹 가셨다. 가신 정도가 아니라 어느새 자녀 교육에 특별한 관심과 노하우를 갖고 있는 엄마들을 알게 되고, 이들과 정기적으로 만나 진지한 대화를 나누는 등 지금은 누구 못지않은 정보통이 되었다. 심지어 북클럽을 주선하고 있다는 소문이 퍼지자 많은 엄마들이 규원 엄마를 찾아와서 부탁을 하곤 한다.

"우리도 북클럽에 들어가고 싶은데, 어떻게 하면 되나요?"

"현재 하고 있는 회원이 그만둬야 들어올 수 있어요."

"중간에 그만두는 아이도 있었나요?"

"네. 이사를 가거나 아이들의 시간이 맞지 않으면 그만두기도 하죠. 저희 북클럽은 제가 직장 생활을 하면서 진행하는 거라 평일 저녁에 하다 보니까 학원 다니는 아이들의 경우 간혹 시간이 안 맞을 때가 있어요.."

"저…… 그럼, 얼마나 기다리면 될까요?"

"글쎄요. 그건 저도 잘 모르겠네요."

여기저기에 규원이네 북클럽에 대한 소문이 나면서 엄마들이 찾아오는 횟수도 늘었다. 가끔은 안면도 없는 사람이 자기 아이를 북클럽 회원으로 받아 줄 수 없겠냐며 떼를 쓰는 경우도 있다. 그러나 이미 대기하고 있는 친구들이 많아 부탁을 들어줄 수는 없었다. 그러다 보니 자신이 직접 새로운 북클럽을 만들겠다는 엄마들도 있다. 그러나 막상 북클럽을 만들려고 해도 그 방법을 모르기 때문에 난감해 하는데, 규원 엄마는 그런 엄마들을 위해 기꺼이 수업 참관을 허락해 줄 뿐 아니라 5년 동안 진행했던 매뉴얼까지 무료로 제공해 주고 있다.

규원 엄마도 처음 북클럽을 만들 때는 여러 가지 시행착오를 겪었다. 북클럽 활동 매뉴얼을 만들기 위해 서점을 뒤졌지만 참고할 만한 자료가 거의 없었다. 그래서 엄마들과 함께 팔을 걷어붙이고 틈날 때마다 포맷을 만들고 커리큘럼을 정한 뒤에 다양한 아이디어를 보태 지금에 이르렀다. 무엇보다 아이들이 책만 읽고 마는 수업이 되지 않도록 이해력과 상상력을 키울 수 있는 질문을 만드는 데 특별히 신경을 썼다. 또 여기저기서 추천하는 권장 도서 가운데서 옥석을 골라내는 일에도 신경을 곤두세웠다.

규원 엄마는 이런 힘든 과정과 고통을 너무나 잘 알기 때문에 독서 모임을 만들고자 하는 엄마들에게 주저 없이 커리큘럼을 알려 준다. 뿐만 아니라 아이들을 모으는 방법이나 운영 시간, 책을 고르는 기준들을 묻는 경우 바쁜 시간을 쪼개서라도 자신의 노하우를 모두 전수해 준다. 지금도 북클럽에 관한 귀중한 정보들을 북클럽 카페를 통해 알려 주고 있다.

규원 엄마의 북클럽 활동은 우리나라를 넘어 멀리 중국에까지 소문이 퍼졌다. 얼마 전 중국 청도로 건너간 규원이 고모에게서 연락이 왔는데, 그곳에서도 규원이네 북클럽이 유명하다는 것이다. 그리고 중국 청도에서 북클럽을 만들어 볼 생각이니 도와 달라고 부탁했다.

규원 엄마는 일단 '북클럽' 카페에 들어가서 자료들을 검토해 보라고 권했다. 카페에 검증된 방법이 전부 소개되어 있기 때문에 그대로만 따라 하면 절대로 어렵지 않을 거라고 거듭 강조했다.

"근데 언니는 왜 이렇게 귀한 자료를 공짜로 알려 주시는 거예요. 아깝게."

규원이 고모는 어렵게 마련한 자료들을 공짜로 알려 주는 것을 안 타까워했다.

"아깝긴요. 전 오히려 제가 갖고 있는 자료들을 잘 활용해서 북클럽이 더 많이 생겨났으면 좋겠는 걸요."

"그래도 언니가 얼마나 고생해서 만든 건데요. 다른 사람들은 그게 거저 생긴 줄 알 거 아니에요."

"괜찮아요. 저 고생한 거 알아 주지 않으면 어때요? 좋은 정보 같이 나누면 좋죠. 북클럽을 만들고 싶다가도 막상 아는 게 없으면 막막하거든요. 다행히 우리 매뉴얼이 도움이 되면 저도 기뻐요. 그리고 우리 같은 북클럽이 많이 생겨서 저나 규원이가 받은 혜택을 다른 아이들도 받으면 좋잖아요."

규원 엄마는 북클럽의 취지와 효과를 잘 알지만 전문가가 아니라는 이유로 망설이고 포기하는 사례들이 많아 늘 아쉬웠다. 뜻이 맞는 엄마들이 있다면 교본은 얼마든지 제공할 테니 그것을 잘 활용해서 북클럽이 많이 생겨났으면 하는 것이 규원 엄마의 바람이었다.

그 뒤 일주일이 채 지나지 않아 규원이 고모에게서 다시 전화가 걸려 왔다. 시누이네 세 자녀의 연령에 맞추어 북클럽을 세 팀이나 만들었다는 것이다. 처음에는 한 팀도 어려울 텐데 참 대단하다는 생각이 들었다. 역시 한국 엄마들의 열정과 극성은 어디서나 돋보이는 것 같다. 만일 자녀 교육에 대한 올림픽이 있다면 당연 우리나라 엄마들이 금메달감이 아닐는지…….

　규원 엄마는 북클럽을 통해 잃은 것보다 얻은 것이 훨씬 많다. 만약 북클럽이 아니었다면 시간 없는 워킹맘으로 소외감을 느꼈을지도 모르는데, 요즘은 북클럽을 통해 엄마들과 정보를 공유하면서 오히려 또래 엄마들의 중심이 되었다. 전업맘들이 규원 엄마에게 새로운 모임을 만들어 보자고 제안할 정도다. 또 아이들의 교육 문제에 대해 진지하게 상의를 해오는 엄마들도 있다. 북클럽을 운영하면서 엄마들의 질문과 고민에 답을 주기 위해 스스로 연구하고 생각한 것들이 교육과 육아에 도움이 되었던 것 같다. 아무튼 이제 규원 엄마는 커뮤니티 방관자에서 또래 엄마들의 중심에 서게 되었다. 북클럽을 진행하고 얻은 또 하나의 소득이다.

왜 그룹 수업은 얼마 못 가서 깨지는 걸까?

아이들의 양육과 교육이 엄마들의 손에 맡겨진 요즘, 남들은 세상이 좋아져 아이들 키우기가 수월하다지만 엄마들의 고민은 이만저만이 아니다. 외둥이가 많은 현실에서 엄마만 찾는 아이와 하루 종일 씨름하는 것도 힘겹고, 넘쳐 나는 교육 정보 속에서 우리 아이만 고립되는 것은 아닌가 하는 걱정으로 불안한 하루하루를 보내기 일쑤다. 그래서 최근에는 비슷한 처지로 고민하는 엄마들이 모여 품앗이 교육을 하는 것이 붐처럼 일고 있다. 누군가가 혼자 총대를 메는 교육이 아니라 마음 맞고 뜻 맞는 엄마들이 함께 아이들의 교육을 책임지는 모임들이 우후죽순처럼 생겨나고 있다.

그러나 품앗이 교육이라는 것이 마음만 맞는다고 되는 것은 아니다. 시간이 지나면서 한 집 두 집 이사를 가거나 아이들이 커갈수록 학원을 다니는 등 피치 못할 사정들로 모임이 깨지는 경우가 많다. 그러나 규원이네 '모여라 북클럽'은 벌써 5년이란 세월을 너끈히 버텨냈다. 그 흔한 의견 대립 한 번 없었고, 세심하게 배려하는 미덕을 잃는 실수도 하지 않았다. 물론 그 중심에는 규원 엄마가 있었다.

규원 엄마는 기업 강의를 하는 워킹맘이다. 직장 일뿐 아니라 가정 대소사, 개인 사정까지 챙기다 보면 정기적으로 아이를 가르치는 게 쉬운 일이 아니다. 그런 이유로 규원 엄마가 처음 북클럽을 만든다고 했을 때 가족들의 반대도 만만치 않았다. 특히 규원 아빠는 하다 중단할 것 같으면 아예 시작도 하지 말라며 엄포를 놓았다. 하지만 규원 엄마는 뜻을 굽히지 않았다. 그리고 5년째 직장 일도 북클럽도 잘하고 있으며, 마땅치 않아 했던 규원 아빠와 할머니도 이제 북클럽의 객원 선생님으로 참여하고 있다. 이렇듯 품앗이 교육인 '모여라 북클럽'을 잘 이끌어 온 규원엄마는 이렇게 말한다.

Q. 아이들이 북클럽을 재미있어 하는데, 이유는 뭘까요?

A. 자발성이죠. 자기들이 주체가 되는 거예요. 그것도 자기들만 일방적으로 쏟아내는 게 아니라 다른 아이들의 이야기도 들어 보고 자기 이야기도 하니까 재미있는 거죠.

Q. 규원 엄마가 선생님이면, 다른 엄마들의 역할은 어떻게 되나요?

A. 어렸을 때는 엄마들이 함께 독후 활동을 했어요. 지금은 엄마들이 수업을 잘할 수 있게 사전에 책을 읽어 주고, 책 선정을 함께하죠. 그다음에 방향을 정하고 일주일에 한 번씩 모여서 독후 활동에 대해 의논해요.

Q. 엄마들이 공부를 많이 해야겠네요?

A. 진짜 많이 해야죠. 엄마들이 자료를 찾고 함께 고민하지 않으면 북클럽을 운영할 수가 없어요. 엄마도 수업의 한 요소이기 때문에 그냥 애만 달랑 보내는 게 아니죠.

Q. 그룹 수업이란 게 보통 1~2년 지나면 깨지는 경우가 많던데, 5년을 이어 온 비결은 뭘까요?

A. 글쎄요. 엄마들이 너무 가깝지도 멀지도 않은 것이 비결이라면 비결일 거예요. 엄마들끼리 너무 가까우면 문제가 생기기 마련이거든요. 가장 나쁜 예가 아이들끼리 비교하는 거예요. 그러면 엄마들의 요구가 많아지고, 결국 이견이 맞서 갈등이 쌓이죠. 그런데 '모여라 북클럽' 엄마들은 있는 그대로 다 수용해 왔던 것 같아요. 처음 시작할 때 힘이 되고 고마웠던 마음을 지금까지도 잘 간직하고 있어요. 그래서 기꺼이 양보하고 세심하게 배려합니다. 또 아이들마다 조금씩 차이가 나더라도 기다려 주고 인정해 주거든요. 이런 것들이 5년이란 시간을 버텨 오게 했던 거 같아요. 또한 가지 예를 들면, 선생님이 자기 아이만 챙기면 문제가 됩니다. 그래서

저는 오히려 수업 시간에 다른 아이를 먼저 발표하게 하고 규원이는 상대적으로 덜 시켜요. 이것도 비결이라면 비결이겠죠? 그러나 비록 발표할 기회를 잃어도 가장 많이 배우고 느끼는 아이는 규원이라고 생각해요. 왜냐하면 엄마의 리더십을 보면서 배우고, 홈그라운드라는 이점도 있고, 엄마가 선생님이라는 뿌듯함과 자신감이 남다르니까요.

Q. 유치원 때부터 초등 저학년까지, 물론 이제 곧 고학년이 될 텐데 나이에 맞는 활동이 있지 않을까요?

A. 맞아요. 아이들이 성장하니까 다섯 살 때는 독후 활동에 의미를 두었다면, 그다음에는 남의 이야기를 듣는 데 신경을 썼어요. 초등학교 저학년 때는 책 내용을 파악하는 것과 발표 능력, 그리고 경청 자세에 신경을 썼어요. 아이가 조금 더 크면 한 가지 주제를 놓고 찬반으로 나누어 토론하려고 준비하고 있지요. 이렇게 학년과 나이에 따라서 변화를 주어야 해요. 저도 아이들을 통해 규원이 교육을 어떻게 시켜야 하는지 함께 공부해 나가고 있어요.

Q. 일하는 엄마로서 매주 일정한 시간을 내는 게 쉽지 않았을 텐데, 지금까지 무료를 고수하는 이유는 뭔가요?

A. 제가 이 아이들에게 돈을 내야 해요. 오히려 애들이 저한테 많은 걸 가르쳐 주거든요. 기다려야 하는 것도 배우고, 애들마다 성향이 다르다는 것도 아이들에게서 배웠어요. 또 아이들마다 장점이 있다는 사실도 알게 됐답니다. 엄마의 일방적이고 모순된 생각으로는 전혀 느낄 수 없었던 것을 수업을 하면서 배우니까, 아이들이 수업료를 내는 게 아니라 제가 아이들에게 내야 한다니까요.

Q. 힘들어서 그만두어야겠다는 생각은 안 하셨나요?

A. 그런 생각은 한 번도 한 적이 없어요. 그런데 지방에서 강의가 있을 때는 솔직히 '오늘 하루만 누가 대신 해주면 좋겠다'는 생각을 한 적은 있어요. 그럴 때는 다행히 규원 아빠가 저 대신 수업을 해줘서 잘 넘어갔어요. 처음 부탁을 했을 때는 어색해 하는 것 같더니 아이들과 서너 차례 수업을 한 뒤부터는 규원 아빠가 '모여라 북클럽'의 객원 선생님이자 든든한 지원군이랍니다. 심지어 요즘은 아이들이 제 수업보다 규원 아빠의 수업을 더 재미있어 하는 것 같다니까요.

북클럽,
어떻게 하냐고요?

엄마들 가운데는 독서 클럽을 운영해 보고 싶지만 엄두가 나지 않는다고 말하는 사람들이 많다. 그런 상담을 해올 때면 규원 엄마는 이렇게 얘기한다.

"저는 공대 출신이에요. 전업주부도 아니고요. 책에 대해서는 다른 엄마들보다 더 모른답니다. 그런데 노력하면 못할 게 없더라고요. 엄마들끼리 역할을 나누어서 해보세요. 안 되는 일은 없어요."

사실 새로운 일을 도모할 때 두려움을 갖는 건 당연하다. 그래서 누군가의 작은 도움도 큰 힘이 되곤 한다. 그래서 규원 엄마는 자신이 그동안 쌓아 온 귀중한 경험과 커리큘럼, 진행 방식에 관한 정보를 '모여라 북클럽'이라는 카페에 그대로 올려놓았다. 또한 규원

'모여라 북클럽'의 다음 카페 화면(http://cafe.daum.net/dongwhabook)

엄마가 운영하는 '모여라 북클럽'의 첫 번째 수업 내용을 많은 엄마들과 공유하기 위해 공개했다.

선생님을 위한 참고 사항

한국 문화와 팥죽 : 팥죽은 중국이나 한국에서 악귀를 쫓는다는 의미를 지닌 음식입니다. 팥의 원래 색깔인 붉은색이 태양을 상징해 그런 기능을 한다고 설명하는 사람도 있습니다. 이 책에서는 콩죽이나 쌀죽이 아니라 팥죽이 이야기의 배경입니다.

지도 포인트
① 힘만 센 호랑이와 기지가 있는 할머니의 대결
② 전통 문화에 대한 이해

규칙 설명(규칙을 설명하고, 한 번 연습해 봅니다)
- 호루라기를 불면 모두들 눈을 감고 조용히 합니다.
- 말을 하고 싶을 때는 손을 들고 모자를 쓴 후에 이야기합니다.
- 반드시 책을 읽고 참석합니다.

1. 돌아가면서 읽기
돌아가면서 큰 소리로 한 페이지씩 읽습니다. 이 과정에서 선생님은 아이들 수준을 가늠합니다. 아이들 상태에 따라 구연동화로 대체합니다.

2. 이해
책을 덮고 다음 질문에 대답해 봅니다. 답을 맞히는 학생에게는 작은 선물을 줍니다. 재미를 더하기 위해 작은 통에 질문을 넣어 뽑게 한 뒤 그 내용을 읽게 합니다.

사실적인 질문
① 호랑이는 할머니가 무엇을 하고 있을 때 나타났나요?
② 이 책에서 할머니와 호랑이 중에 누가 더 힘이 세다고 생각하나요?
　그 이유는?

③ 밭 매기에서 이긴 호랑이가 왜 할머니를 잡아먹지 않았나요?

④ 할머니에게 팥죽을 얻어먹은 동물의 이름을 기억해 보세요.

⑤ 자라, 절구가 숨어 있던 곳은?

⑥ 처음에 호랑이가 부엌으로 간 까닭은?

⑦ 이 책에 따르면 팥은 언제 심어서 언제 걷을까요?

⑧ 지게, 멍석, 아궁이, 절구, 호롱불의 쓰임새를 알아봅시다. 지금 우리 생활에서 어떤 것으로 대신하고 있을까요?

⑨ 힘이 센 호랑이가 할머니를 잡아먹지 못하고 오히려 한강에 빠진 이유는?

추리적인 질문

① 호랑이를 만났을 때 할머니의 표정을 묘사해 보세요.

② 팥죽 먹어 본 사람? 맛은 어땠는지 말해 보세요.

③ 내기에서 만일 할머니가 이겼다면 어떻게 되었을까요?

④ 호랑이처럼 무서운 사람을 만나면 어떻게 할까요?

⑤ 이 책의 마지막 페이지에 나와 있는 손은 누구의 손일까요?

3. 이야기: 할머니의 팥죽과 한국 문화 이야기

4. 특별 활동: 쌀, 콩, 팥, 조, 보리를 활용한 특별 활동

쌀, 콩, 팥, 조, 보리와 풀을 이용해서 쌀, 콩, 팥, 조, 보리라고 각각 써 봅니다.

5. 준비물

고깔모자, 호루라기, 작은 선물, 잡곡, 도화지, 자료 사진, 작은 통과 문제, 팥죽

6. 다음 책 – 《털 없는 닭》 (예림당)

규원 엄마가 전하는
'모여라 북클럽'의 운영 지도 노하우

① 부모도 함께 책을 읽어라

규원 엄마가 아이들의 독서 지도를 하고, 그것과 관련된 책들을 접하면서 느낀 것 가운데 하나가 아이의 독서량이 부모의 독서량과 밀접한 관계가 있다는 것이었다. 즉 부모의 독서 태도에 따라 아이들의 독서량에도 큰 차이가 있는데, 실제로 부모가 책읽기를 즐기고 적극적인 경우 아이들도 자연스럽게 책을 가까이하고 스스로 책을 읽는 등 또래 친구들보다 독서량이 훨씬 많았다.

뿐만 아니라 부모가 독서를 좋아해 책 읽는 분위기 속에서 자란 아이들은 특히 읽기 성적이 우수하다는 연구 결과도 있다. 캐나다의 심리학 교수이자 읽기 전문가인 스타노비치 박사는 읽기를 잘하는 아이들은 점점 더 잘 읽고, 읽기를 잘 못하는 아이들은 점점 더 못 읽는다고 했다. 그리고 시간이 지남에 따라 아이들의 학습 격차가 커져서 지식의 부익부 빈익빈 현상이 일어난다고 주장했다.

이렇듯 아이의 독서 발달에는 부모가 가장 큰 영향력을 발휘하며 자녀와 함께 보내는 시간, 자녀에 대한 양육 태도, 아이와의 친밀감 등이 중요하게 작용한다.

때로 부모가 아이의 독서량만 체크하는 경우도 있는데, 책을 얼마나 읽었는지를 체크하기보다는 아이가 좋아하는 책이 무엇인지를 살펴 독서를 즐겁게 생각할 수 있도록 환경을 만들어 주는 일이 더

바람직하다. 규원 엄마의 경우도 처음에 다섯 살에서 여섯 살 되는 아이들에게 '책에 관심을 갖게 하고 즐기게 해주려면 어떻게 해야 하나'를 고민하다 독후 활동에 신경을 쓰게 되었다. 아이와 책을 함께 읽고 아이의 눈높이에서 책에 대한 이야기를 나누는 등 책을 통해 즐거운 활동을 하는 것이 아이들을 책읽기에 빠져들게 하는 가장 좋은 방법이란 사실을 깨달았다. 그러니 혹시라도 아이가 책을 몇 권 읽었는지 그 수를 헤아리는 중이라면 당장 중단하고 아이와 함께 책읽기를 시도해 보자. 그리고 아이가 책을 가까이할 수 있는 좋은 방법을 찾아보자.

- 아이와 함께 책을 읽을 때는 아이가 원하는 책부터 읽는 게 좋다. 가령 아이가 만화책을 원하면 그것을 함께 읽어 주자. 그래야 아이가 활자에 대한 거부감을 갖지 않고 만화지만 그것을 통해 읽는 능력이 생기기 때문이다. 그런 능력이 생기기 시작하면 다른 종류의 책으로 옮겨 가는 것도 쉽다.

② 아이에게 책을 읽어 주는 방법

부모가 아이에게 책을 읽어 주는 것은 아이들로 하여금 부모로부터 사랑을 듬뿍 받고 있다는 사실을 확인시켜 주는 훌륭한 기회라고 한다. 아이들은 부모가 따뜻한 목소리로 읽어 주는 이야기를 들으며 사랑을 느끼고 행복하다고 생각하기 때문이다.

또 부모가 책을 읽어 주면 아이들은 어휘력, 청취력, 기억력이 발달하고 각종 배경 지식과 다양한 정보를 습득하는 것은 물론 창의력과 상상력이 뛰어나게 좋아지는 등 많은 혜택을 받게 된다. 따라서

부모가 책을 읽어 주는 것은 아이의 미래를 보장하는 최고의 보험이
요, 가장 큰 선물이라고 한다.

하지만 부모의 책 읽어 주기가 자칫 아이로 하여금 책에 대한 흥
미를 잃게 만드는 경우도 생긴다. 따라서 책을 읽어 줄 때는 책의 내
용을 아이의 눈높이에 맞추고, 아이의 느낌과 생각은 물론 아이의
경험 등을 함께 이야기하도록 한다. 예를 들어 아이에게 《구름빵》이
라는 책을 읽어 준다면 '구름빵의 맛은 구름의 맛일까?', '구름빵
은 어떻게 만드는 걸까?' 하는 식으로 호기심을 갖게 하면서 책을
읽어 주는 것이다. 이런 방법을 경험적 접근이라고 하는데, 이 방법
은 아이가 책에 대해 흥미를 느끼지 못할 때나 유아기의 아이들에게
특히 도움이 된다고 한다.

그런가 하면 글의 구성 요소를 중심으로 배경과 인물, 주제 등을
분석해서 읽는 방법도 있는데, 예를 들면 '구름빵에 등장한 인물은
몇 명이었지?', '아빠는 왜 아침밥을 못 먹었을까?', '누가 아빠에
게 빵을 갖다주었나?' 하는 식으로 아이들과 이야기를 나누어 보는
것도 좋다. 그러나 어떤 방법이든 아이에게 꾸준히, 단 몇 분이라도
지속적으로 책을 읽어 주는 것이 더 중요하며, 책 내용에 관한 질문
을 통해 아이의 호기심을 자극하고 끊임없이 생각하는 힘을 길러
주자.

③ 아빠가 참여하는 독서 교육

요즘은 도서관이나 서점에서 자녀에게 책을 읽어 주는 아빠들의 모습이 전혀 생소해 보이지 않는다. 아빠들의 육아 참여도가 높아지면서 공연장이나 박물관에서도 이런 모습을 자주 볼 수 있다.

그렇다면 아빠가 아이에게 미치는 영향력은 과연 얼마나 될까? 교육학자들은 아빠가 육아에 참여할 경우, 시간이 짧더라도 아이에게 미치는 영향은 늘 함께하는 엄마와 거의 비슷하다고 했다. 잘 도와주는 아빠의 자녀는 그렇지 않은 경우보다 아이의 지능과 어휘력을 검사했을 때 그 점수가 더 높게 나왔다는 연구 결과도 있다. 아빠가 아이와 함께 여가 활동을 하고 독서 교육에 적극 참여하면 아이는 친구들과의 관계, 성취 동기, 호기심, 사회적 활동이 뛰어날 뿐만 아니라 다른 사람과의 협동심도 훨씬 높다고 한다.

'모여라 북클럽' 도서 목록 및 독후 활동

5세~초등학교 저학년 대상

	도서명	지은이	연계 독후 활동
1	팥죽할머니와 호랑이	조대인	팥죽에 얽힌 한국 문화 알아보기 쌀, 보리, 팥, 조, 수수 등 곡식 알기
2	털 없는 닭	천즈위엔	피부색이 각기 다른 세계의 어린이들 모습 알기 페이스페인팅 놀이
3	괜찮아, 넌 할 수 있어	클레프 프레드먼	동물의 어미, 새끼 습성 알아보기 엄마, 아빠의 고생담 들어 보기
4	거짓말	고대영	직접 연극을 해보고 주인공의 느낌을 체험해 본다.
5	무지개 물고기	마르쿠스 피스터	책 디자인인 홀로그램 기법에 대해 알아보기 글라스 데코 체험해 보기
6	구름빵	백희나	구름의 종류 알아보기 직접 빵 만들어 보기
7	구룬파 유치원	니시우치	폐품 활용한 만들기
8	보름달이 되고 싶은 반달이	류일윤	진흙으로 찻잔 만들기
9	떡잔치(솔거나라2)	강인희	단오, 고사떡에 대해 알아보기 송편, 경단 직접 만들어 보기 윷놀이 해보기
10	넌 나의 소중한 친구야	야자키 세쓰오	마니또에게 그림 그려 주기
11	꼬꼬 아줌마네 꽃밭 (달팽이 과동화 22)	심조원	나팔꽃, 코스모스 등 종이로 꽃 접기 꽃씨 직접 심어 보기

	도서명	지은이	연계 독후 활동
12	어처구니 이야기	박연철	직접 연극해 보기
13	개와 고양이(전래동화)	임정진	책으로 만들어 보기
14	견우 직녀(전래동화)	김향이	별자리(독수리자리, 거문고자리) 알아보기
15	화가 나는 건 당연해	미셸린느 먼디	다양한 표정의 사진을 통해 감정 알아보기
16	제비네 집은 어딘데? (까르르 과학동화 7)	김남길	짚으로 제비집 만들어 보기
17	괴물들이 사는 나라	모리스 샌닥	괴물 가면 놀이 책 마지막 장면 상상해서 그리기
18	치과의사 드소토 선생님	윌리엄 스타이그	치아 관리에 대해 알아보기 주인공에게 편지 쓰기
19	여우누이(전래 동화)	이미애	여우 누이에게 편지 쓰기
20	누가 내 머리에 똥 쌌어?	베르너 홀츠바르트	음식물이 똥이 되는 과정 이해하기 찰흙으로 여러 동물의 똥 만들어 보기
21	코는 왜 얼굴 가운데 있을까?	정채봉	감각기관에 대해 알아보기 지점토로 얼굴 만들기 오감을 이용한 게임
22	으뜸 헤엄이	레오 리오니	바닷속 물고기 알아보기 감자 조각으로 물감 찍기
23	언제까지나 너를 사랑해	로버트 먼치	어릴 때 사진으로 책 만들기 엄마가 써 준 편지 읽기
24	각시 각시 풀각시	이춘희	풀각시 만들어 보기 풀꽃 반지, 화관 만들어 보기
25	심심해서 그랬어	윤구병	심심할 때 하는 놀이 한 가지씩 생각해 보기
26	우리 가족입니다	이혜란	가계도 그려 보기
27	고릴라	앤서니 브라운	꿈속에서 아빠랑 여행하고 싶은 곳 그려 보기
28	강아지 똥	권정생	강아지 똥 동영상 감상
29	반쪽이	이미애	반쪽이에게 하고 싶은 말 신문에서 오려 문장 만들기

	도서명	지은이	연계 독후 활동
30	해치와 괴물 사형제	정하섭	해치에게 하고 싶은 말 신문에서 오려 문장 만들기
31	비 오는 날의 소풍	가브리엘 뱅상	아저씨에게 편지 써보기 책 이야기 직접 말해 보기
32	돼지 책	앤서니 브라운	엄마 도울 일 신문에서 찾아보기
33	야광귀신 (국시꼬랭이5)	이춘희	신발에 대한 옛 어른들의 생각 들어 보기
34	알을 품은 여우	이사미 이쿠요	뒷이야기 만들어 보기
35	누가 일등일까요?	시아오 메이시	뭉크, 고갱, 피카소의 그림 감상 가장 아름다운 꽃 그려 보기
35	종이 봉지 공주	로버트 먼치	뒷이야기 만들어 보기
36	세상에서 가장 힘 센 수탉	이호백	수탉 그려 보기
37	우리 엄마	앤서니 브라운	엄마에게 줄 선물 책 만들기
38	크리스마스 선물	존 버닝햄	크리스마스트리, 카드 만들기
39	아낌없이 주는 나무	쉘 실버스타인	마지막 장면 그림 그리기 나뭇잎 왕관 만들기
40	까마귀의 소원	하이디 홀더	파란상자 별 가루에 소원 빌기 스피드게임
41	내 방귀는 특별해	스테번 폰트	방귀 소리 내 보기 스피드게임
42	오늘은 촌놈 생일이에요	이명랑	연 만들기
43	원숭이 사세요	세나 스탠리	아프리카 시장 그리기
44	그림 그리는 아이 김홍도	정하섭	김홍도 그림으로 말풍선 달아 보기
45	지각대장 존	존 버닝햄	유치원에 올 때 만나고 싶은 것 그려 보기
46	지하철을 타고서	고대영	할머니 집 지하철로 가는 법 짜보기
47	칠판 앞에 나가기 싫어	다니엘 포세트	에르반에게 편지 쓰기
48	거인 사냥꾼 조심하세요	콜린 맥노튼	사라져 가는 숲에 대해 이야기해 보기
49	숨쉬는 항아리	정병락	도자기 만들기

번호	도서명	지은이	연계 독후 활동
50	눈 다래끼 팔아요	이춘희	책 표지 다르게 그려 보기
51	너, 누구 닮았니?	로리 뮈라이으	주인공에게 편지 쓰기
52	틀려도 괜찮아	마키타 신지	직접 상장 만들기
53	책먹는 여우	프란치스카 비어만	식빵과 각종 재료를 이용한 맛있는 책 만들기
54	우리 친구 할래?	밥 칼러	팀 나눠서 우정의 공원 모험 길 게임 악기를 이용해 화음 연주해 보기
55	아빠 사자와 행복한 아이들	야노쉬	주인공에게 편지 쓰기
56	열두 띠 이야기	김학연	열두 띠 책 만들기
57	나무하나에	김장성	나뭇잎 왕관 만들기
58	이름 보따리	장 클로드 무를르바	이름 도장 명함 만들기 재미있는 이름 만들어 보기
59	아주 특별한 선물	펄 벅	특별한 선물 만들어 보기
60	알과 씨앗	이형진	삶은 달걀에 그림그리기
61	우리 선생님이 최고야	케빈 헹크스	선생님께 비밀 쪽지 써보기
62	의좋은 형제(구전 동화)	이현주	책에 나오는 옛말 뜻 알기 뒷이야기 상상해 보기
63	저승에 있는 곳간	서정오	나의 저승에 있는 곳간 그려 보기
64	단군신화	이형구	웅녀, 환웅 그려서 연극해 보기
65	줄무늬가 생겼어요	데이빗 섀논	카밀러가 되어 연극해 보기, 편지 쓰기
66	그림 옷을 입은 집	조은수	단청 문양 그려 보기
67	늑대가 들려주는 아기 돼지 삼형제 이야기	존 셰스카	'골든벨을 울려라' 퀴즈 대회
68	천둥 케이크	페트리샤 폴라코	케이크 만들기 만든 과정 글로 정리해 보기
69	행복한 청소부	모니카 페트	뒷이야기 만들어 보기
70	마법의 여름	후지와라 카즈에	방학 때 재미있었던 일 그려 보기 수박씨 멀리 뱉기 놀이

행복한 품앗이, 작은 도서관

오늘의 내가 있는 이유는
우리 마을 도서관 때문이다.
하버드 졸업장보다 소중한 것은
독서하는 습관이었다.

빌 게이츠

집 밖으로 나온
가정학습

"어서 오세요. 폭탄 세일 합니다!"

"말만 잘해도 공짜로도 줍니다!"

어디선가 공짜로 준다는 말이 들려 오자 갑자기 아이들과 엄마들이 한꺼번에 우르르 몰려들었다.

"어머? 벌써 사람들로 꽉 찼네! 다들 빠르다, 빨라!"

발 빠르게 움직였다고 생각했는데 꼬마 장터에는 벌써 물건을 사고파는 사람들로 발 디딜 틈이 없었다.

2, 3개월에 한 번씩 열리는 꼬마 장터는 유아와 초등학교 저학년 아이들이 주축이 되어 물건을 사고파는 벼룩시장이다. 아이들마다 자신들이 한때 보물처럼 아꼈던 물건들을 늘어놓고 새 주인을 기다

꼬마 장터의 북적이는 모습

리는 모습이 예사롭지 않다. 푼돈 아껴서 사 모았던 구슬을 비롯해 친한 친구가 아무리 졸라도 절대 주지 않았던 딱지, 생김새와 이름까지 달달달 외웠던 공룡 모형, 생일 선물로 받고 아껴 두었던 연필과 지우개, 더 이상 입지 못하는 옷가지 등등 각자 소중하게 간직했던 중고 물건들이 새 주인 만나기를 기다리고 있었다.

"이거 얼마예요?"

"천 원이에요."

"에이, 좀 깎아 주면 안 될까?"

"안 돼요. 이거 제가 얼마나 아끼던 건데요. 저도 남는 거 하나 없어요."

꼬마 장터에서는 천 원 안팎에 물건이 거래된다. 이 장터는 엄마

꼬마 장터에서 파는 물건들

들이, 물건을 팔아 이윤을 남기기보다는 아이들 스스로 자신이 안 쓰는 물건을 필요한 친구들에게 물려주고, 자기가 필요한 물건은 친구들로부터 구하는 과정에서 아나바다(아껴 쓰고 나눠 쓰고 바꿔 쓰고 다시 쓰자) 운동을 생활화할 수 있도록 하기 위해 만든 프로그램이다. 그러나 아이들은 이곳에서 아나바다 운동뿐 아니라 물건을 사고파는 과정을 통해 자연스럽게 경제 개념을 배우며, 수익금의 일부를 책으로 바꿔 인근 소아과 병동에 기증하는 등 따뜻한 마음과 사랑까지 덤으로 키워 가고 있다.

엄마 선생님들의 품앗이 수업

'책읽는 엄마 책읽는 아이'는 서울 행당동에 있는 어린이 도서관
이다. 아기자기하고 예쁘게 꾸며진 도서관은 10년째 많은 사람들의
사랑방 역할을 하고 있다.

보통 도서관이라고 하면 우중충한 회색 건물과 낡은 서가, 빛바랜
책들, 공짜로 책을 빌려 주거나 시험 공부를 하는 곳쯤으로 생각한
다. 그러나 '책읽는 엄마 책읽는 아이'는 그런 도서관과는 많이 다
르다. 혼자 걷고 뛰는 아이들이 엄마와 함께 쫑알쫑알 소리 내어 책
을 읽거나 자유롭게 들락거리며 놀다 갈 수도 있는 곳이다.

'책읽는 엄마 책읽는 아이'에는 다양한 '엄마표' 프로그램들이

'책읽는 엄마 책읽는 아이' 도서관 전경

준비되어 있다. 책을 읽는 것만큼 좋은 환경에서 다양한 경험을 하는 것도 중요하다고 생각하는 엄마들이 뜻을 모아 방과 후 수업을 마련했다. 또 학년이 높아질수록 아이들의 독서 지도를 난감해 하는 엄마들이 독서 모임을 만들어 활동하기도 한다.

방과 후 수업들은 거의 대부분 엄마들의 품앗이로 이루어진다. 얼마 전부터 초등학교 고학년을 위한 경제 활동 놀이가 신설되었는데, 그것 또한 엄마 선생님이 이끌어 간다. 대학에서 경영학을 전공했기 때문에 조금 더 공부하면 집에서 내 아이 정도는 가르칠 수 있겠다 싶어 어린이 경제 교실 프로그램을 수강했다가 도서관에서 아이들을 가르치는 엄마 선생님이 되었다.

영어 선생님도 마찬가지다. 대학에서 영어를 전공했지만 누구를

품앗이 수업을 진행하는 엄마 선생님과 아이들

가르쳐 본 적은 없었다. 아이를 낳으면 아이와 영어책도 읽고 영어 공부를 하려고 계획했다가, 뜻있는 엄마들끼리 프로그램을 만들어 품을 나눠 보자는 제안을 받고 자기 아이가 아닌 또래 아이들을 가르치는 데 동참하게 되었다.

그 밖에 책 읽어 주기, 미술, 도예, 독서 교실 등의 엄마표 강의가 있는데, 이런 수업들이 학원이나 문화센터가 아닌 더불어 살아가는 사람들이 만든 이 작은 도서관에서 이루어지고 있었다. 물론 모두 엄마 선생님들이 함께 만들어 가는 품앗이 수업이다.

"저희가 품앗이를 할 때는 경쟁하지 않고, 기다려 주고, 같이 크는 것이 목표라는 사실을 엄마들에게 교육시킵니다. 엄마들도 공감하고 내 아이뿐 아니라 이웃의 아이까지도 같이 키우는 거예요. 아이들을 모두 같이 키우기 위해 내 에너지를 보태는 것이 품앗이입니다."

_김소희('책읽는 엄마 책읽는 아이' 관장)

엄마는 힘이 세다

'책읽는 엄마 책읽는 아이'는 1, 2층을 모두 합쳐 66평으로 만든 작은 공간이다. 그러나 이곳을 이용하는 가족은 대략 900가족쯤 된다. 이 가운데 300가족 정도가 후원금을 내는 후원 가족으로 활동하고 있다. 어떤 가족은 일주일에 한 번 정도 와서 책만 대출해 가고, 어떤 가족은 출근 도장을 찍듯 매일 도서관을 찾는다. 아이들 역시 학교가 끝나면 가방을 던져 놓고 도서관으로 달려와 친구들과 신나게 놀다 간다. 아이들에게 이 작은 도서관은 책만 읽는 곳이 아니다. 또래들과 소통하고 교류할 수 있는 장소인 것이다.

그런가 하면 아이들이 노는 동안 엄마들도 책을 읽고 토론하는 등 배움의 시간을 갖는다. 또 동아리 활동도 열심히 해 현재 엄마들이 품앗이로 만들어 나가는 모둠이 10개 정도 있다. 시간적으로 여유가 있거나 능력과 관심이 있는 엄마들이 주로 활동하는데, 그 수가 대략 80명이나 된다.

엄마들은 주로 첫째 아이의 연령을 기준으로 모임을 만들었다. 그러다 보니 관심사도 비슷하고 이야기도 풍성하며 공감대도 훨씬 넓고 깊다. 엄마들이 만든 모임은 주로 공부가 아닌 아이와 함께할 수 있는 활동에 초점을 맞추는데, 예를 들면 현장체험학습을 이끌고 있는 '딱정벌레'라는 동아리나 영상 그림책을 만드는 '크레파스' 같은 동아리가 대표적이다.

역사도 배우고 가족도 생기고···
현장체험학습 동아리

'책읽는 엄마 책읽는 아이'에서 가장 오래된 엄마 모임이 바로 현장체험학습 동아리인 '딱정벌레'다. 일고여덟 살이던 아이들이 어느덧 중고등학생이 되었으니 꽤 연륜 있는 동아리라고 해도 과언이 아니다.

'딱정벌레'는 8년 전 다섯 명의 엄마가 뜻을 모아 만들었다. 처음에는 모여서 차 마시며 아이들 양육 문제, 시댁 얘기 등을 하며 시간을 보냈다. 그러다 누군가의 '이렇게 시간을 보낼 게 아니라 뭔가 의미 있는 일을 해보자'는 제안으로 역사 공부를 함께하기로 의견을 모았다. 그 뒤 1년에 최소 두 번씩은 답사 여행을 떠났고, 여행지가 멀다 보니 자연스레 가족들도 참여하게 되었다.

그런데 웬일인지 모임이 거듭될수록 아이들보다 가족들이 더 흥미를 느꼈다. 덕분에 아이들은 교과서 속 역사 현장을 찾아다니는 재미에다 '우리'라는 공동체를 알게 되는 좋은 계기까지 마련했다. 이제는 함께 여행 다니며 한가족처럼 가까워져, 아이들은 형제처럼 지내고 부모들은 가족 이상의 관계를 유지하면서 즐겁게 생활하고 있다.

그리고 어느새 8년이란 시간을 함께 보낸 현장체험학습 동아리는 지금까지의 기록들을 모아 책으로 엮을 예정이다. 아이들이 직접 기록한 답사 일지와 사진들을 정리해서 소중한 추억으로 남겨 두기 위해 준비하는 중이다.

"저희 모임은 아이들을 학원의 노예로 만들고 싶지는 않다는 거예요. 그런 마음들이 하나가 되고, 모두가 지지해 주니까 힘이 되어 오래 지속할 수 있는 거죠. '그래 너 잘하고 있어, 나도 그렇게 한다'는 식으로 이해하고 도와주니까 서로에게 든든한 버팀목이 되는 것 같아요."

딱정벌레 식구들은 모두 이런 마음으로 8년을 지내 왔다. 그 사이 중고등학생이 된 아이들도 여전히 모임을 가지며, 봉사활동을 하거나 자신들이 성장했던 도서관에서 동생들을 위한 책 선정위원으로 활동하고 있다.

프로 못지않은 솜씨, 영상 그림책 만들기

"억울합니다. 비가 와서 없는 꿀을 어쩌란 말입니까?"

"닥쳐라, 이놈! 이놈을 매우 쳐라!"

"아이고 맛있다, 아이고 맛있어! 자꾸 먹고 싶네. 내일은 더 많은 꿀을 가지고 오라고 해야지!"

엄마들은 성우 같은 멋진 목소리로 아이들에게 동화를 읽어 주었다. 아직 과한 몸짓 연기는 쑥스럽지만 그래도 아이들이 엄마들의 연기를 보고 데굴데굴 구르는 걸 보면 저절로 힘이 난다.

'크레파스'는 영상 그림책을 만드는 모임으로, 큰아이들이 서너 살 때 처음 만났다. 개성이 강한 아이들을 존중해 주자는 의미로 모임 이름을 크레파스라고 정하고, 어느덧 7~8년을 이어 오면서 열두 편의 영상 그림책을 완성했다.

영상 그림책 한 편을 만드는 데는 7개월 정도가 걸리는 만큼 시간과 공을 많이 들여야 한다. 아이들이 좋아할 만한 책을 고르고 책 속의 그림들을 사진으로 촬영한 뒤에 슬라이드 작업을 하며, 이어서 대본을 만든 다음 엄마들마다 역할을 나누어 연기 연습을 하고, 마지막으로 녹음을 한다. 이런 과정을 다 마치고 나면 마침내 영상 그림책 한 편이 완성되는 것이다.

영상 그림책은 삽화를 그대로 담은 슬라이드 필름을 스크린에 비추어 책을 읽어 주는 것인데, 영상 매체에 익숙한 아이들이 무척 좋아한다. 영상 그림책으로 이야기를 들려 주면 동화책을 읽어 줄 때

영상 그림책 동아리의 활동 영상들

보다 훨씬 호기심을 갖기 때문에 책을 안 읽는 아이들의 독서 습관
을 형성하는 데 도움이 된다.

'책읽는 엄마 책읽는 아이'에서도 영상 그림책을 상영할 때면 아

이들의 반응이 폭발적인데, 정말 신기한 것은 아무리 목소리를 꾸며서 내도 아이들이 자기 엄마 목소리를 금방 알아채고는 소리를 지른다는 것이다.

"하민 엄마다!"

"진아 아줌마 목소리야!"

"어? 예진이 아줌마지? 맞지?"

아무리 속이려고 애를 써도 아이들은 척척 잘도 알아낸다. 그리고 영상 그림책은 아이의 눈높이를 누구보다 잘 아는 엄마들이 만든 작품이라 그런지 곳곳에서 아이들의 폭소가 터진다.

"엄마 목소리가 이상해요."

"그냥 동화책보다 재미있어요."

내 아이만을 위한 것이 아닌 모두가 함께 즐기는 동화책, 엄마가 만들어 더 재미있는 동화책을 아이들은 유난히 반기고 좋아한다. 엄마들은 비록 만드는 과정이 힘들긴 하지만 영상 그림책을 보며 아이들이 책과 더 가까워지고 꿈을 키워 갈 수 있다면 대만족이다.

'엄마표 학습' 그것도 엄마 이기주의, 엄마 치맛바람 아닌가요?

보통 '품앗이 교육'이라고 하면 같은 아파트 단지 안에 서너 명의 엄마가 모여서 아이들을 가르치는 것을 말한다. 전공을 했거나 특별한 능력을 지닌 엄마들이 역할을 나누어, 어떤 엄마는 피아노를 가르치고 어떤 엄마는 수학을 가르치는 식이다. 그러나 품앗이 교육은 보통의 인내와 노력이 아니면 오랜 시간 꾸려 오는 게 쉽지 않다고 한다. 실제로 방송과 잡지에 소개되었던 몇몇 팀은 이런저런 문제로 흩어졌고, 아이들이 이사를 가거나 학년이 올라가 자연스레 없어지기도 했다.

그래도 품앗이에 대한 엄마들의 요구가 끊이질 않고 그 효과도 무시할 수 없어 여전히 공동 육아 모임을 만들거나 지역사회 차원에서 공부방을 운영하는 품앗이 교육들이 속속 생겨나고 있다. 품앗이는 분명 아이에게는 사회성 발달에 도움을 주고, 육아에 손발이 묶였던 엄마들에게는 자기 개발의 기회를 주는 등 유익한 점들이 많기 때문이다. 또 닫힌 공간에서 자녀를 제대로 파악하지 못했던 엄마들이 품앗이를 통해 자녀의 새로운 면을 발견하고, 작은 것도 기꺼이 나눌 줄 아는 따뜻하고 넉넉한 마음을 갖게 된다는 장점도 있다.

하지만 아무리 품앗이 교육의 좋은 점을 줄줄이 얘기해도 품앗이 교육을 부정적으로 바라보는 사람도 많다. 그들은 품앗이 교육이 엄마들의 치맛바람이고 자기 자식만 챙기는 이기주의라고 몰아세운다. 내 아이만의 행복을 고민하고 내 아이에게 양질의 교육을 제공해 주기 위해 정보 사냥을 서슴지 않는 엄마들이 오히려 아이를 엄마표로 맞추어 창의적이지 못하다는 것이다.

이런 지적 때문에 엄마들은 고민에 빠졌다. 그렇다면 단순히 우리 아이만을 위해 뛰는 엄마의 치맛바람이 아니라 이웃도 함께 행복해질 수 있는 긍정적인 에너지를 느끼게 하는 가정학습은 없을까. 그렇게 고민하고 접근한 것이 바로 도서관 품앗이였다.

'책읽는 엄마 책읽는 아이' 김소희 관장 인터뷰

Q. '책읽는 엄마 책읽는 아이'는 어떻게 만들게 됐나요?
A. 엄마가 만든 동네 도서관

저희 도서관은 구나 시에서 만든 도서관이 아니라 제가 개인적으로 만든 민간 도서관이에요. 어느덧 문을 연 지 10년이 되었네요. 도서관을 처음 만들 때부터 이 지역 엄마들이 자료도 조사해 주고 '도서관이 이런 모습이었으면 좋겠다'는 의견도 내주었어요. 그것을 바탕으로 운영위원회를 꾸렸죠. 지금도 저희 도서관에 10개의 품앗이 엄마 모임이 있거든요. 그 엄마 모임 대표들이 도서관 운영위원들이에요.

Q. 어떤 도서관을 만들고 싶은가요?
A. 작게, 낮게, 느리게…

엄마들 기억 속의 도서관은 하루 종일 공부하다 깜깜해지면 나오는 공간이었던 것 같아요. 그런 기억을 갖고 있어서 그런지 우리 도서관에 오면 왜 이렇게 시끄럽냐고 항의할 때가 있어요. 하지만 저희들은 어린이 도서관만큼은 아이다워야 한다고 생각해요. 그래서 책상이 다 낮아요. 아이가 직접 책을 꺼내서 볼 수 있고, 신발을 벗고 들어온 순간부터 집에서 놀 듯이 이 공간에 익숙해지는 거죠. 엄마들이 어렸을 때처럼 책이 공부의 연속이라고 생각하기보다는 하나의 놀이이자 친구 같은 기분이 들도록 만들어 주고 싶어요. 그리고 하루 나들이로 끝나는 도서관 말고 생활 속에 가까이 있어서 학교 끝나면 언제든지 달려올 수 있는 곳, 엄마들도 아이들을 업고 와서 편안하게 책도 보고 모임도 갖는 그런 도서관으로 인식되었으면 좋겠어요.

그리고 우리 어린이 도서관의 목표가 작게 낮게, 마지막으로 느리게입니다. 아마 엄마들이 아이를 키우면서 제일 많이 하는 말이 빨리빨리일 겁니다. 엄마들은 대부분 내 아이가 공부도 빨리 하고 잘해서 경쟁에서 늘 이겼으면 하잖아요. 그렇지만 우리 도서관에 와서는 그런 마음을 내려놓으라는 거예요. 친구가 나보다 더 재밌는 책을 보면 슬쩍 옆으로 가서 같이 보기도 하고, 달팽이가 있으면 갖고 놀다가 하늘도 한번 올려다보고, 한눈을 팔면서 느릿느릿 가자는 겁니다. 경쟁에 익숙한 것보다 조금 더디 가더라도 그런 아이였으면 좋겠다는 거죠. 사실 그런 바람으로 작은 동아리들을 만들었어요. 엄마들은 엄마의 품앗이, 아이들은 아이들의 동아리를 경험하고 그 속에서 성장하다 보면 그 공간을 닮아 갈 거라고 믿거든요.

요즘 엄마들은 아이를 낳으면 10년은 묶여 있는다죠? 자기가 과거에 뭘 좋아했고 뭘 잘했는지 생각해 볼 시간도 없이 육아에 매달리니까요. 그런데 요즘 엄마들 사실 배울 만큼 배웠고 과거에 직업을 가졌던 분들도 많잖아요. 나름 엄청난 재능과 에너지들을 갖고 있어요. 하지만 아이를 낳는 순간 잘 키워 보겠다는 욕심이 생겨서 오로지 아이에게만 올인하죠. 사교육도 시키고 뭐가 좋다는 얘기만 나오면 우르르 찾아다니면서 에너지 다 쏟는 거예요. 그래서 제가 '그 에너지를 밖에서 말고 도서관에 와서 발산해 보면 어떻겠냐'고 제안을 했죠. 그러자 뜻 맞는 몇몇 분이 작은 모임을 만들었어요. 근데 모이고 나니까 어떤 엄마는 요리를 잘하고, 어떤 엄마는 영어를 잘하고, 어떤 엄마는 아이들에게 책을 맛깔스럽게 읽어 주는 거예요. 그래서 엄마들이 각자 갖고 있는 장점을 살려서 품앗이 교육을 시작한 겁니다. 내 아이에게만 쏟았던 에너지를 다른 아이들에게도 베풀자는 마음으로 엄마표 수업을 진행한 거죠. 이렇게 엄마들이 동아리처럼 시작한 품앗이가 힘을 발휘해서 점점 도서관의 모든 아이들에게로 확대되었고요. 지금은 장애가 있거나 몸이 아파서 도서관에 오지 못하는 아이들에게는 찾아가서 엄마표 수업을 진행하고 있습니다.

Q. 자녀 교육에서 엄마의 역할이 뭐라고 생각하세요?

A. 엄마들의 뒤통수 교육, '책읽는 엄마 책읽는 아이'

도서관에 오면 엄마들이 제일 많이 하는 말이 '책 읽어라'와 '공부하라'는 거예요. 그런데 사실 엄마의 생활 문화에는 책 읽는 게 없어요. 우리가 조사해 보면 아이들은 한 달에 100권 정도 읽는데 엄마들은 성인 평균 1년 독서량이 1.2권이라니까, 그 정도 읽는다고 봐야죠. 다시 말해서 1년에 1.2권을 보는 엄마가 1년에 최소 100권을 보는 아이에게 책 읽으라고 하는 거예요. 사실 요즘 우리 아이들에 대한 교육이 눈높이 교육이 아니라 뒤통수 교육 같다는 생각이 들어요. 엄마가 무의식중에 흘리는 어떤 모습이 아이들의 기억 속에서 아이들의 문화가 되거든요. 언어도 그렇고 표현도 그렇고, 정서나 모든 면에서 엄마가 흘리고 다니는 생활이 아이의 밑바탕이 되는데, 그 속에 책이나 공부는 없는 거예요. 그래서 엄마의 자세가 중요한 거죠. 책 읽는 엄마가 먼저예요. 책 읽는 엄마, 그다음이 책 읽는 아이인 거죠.

Q. 도서관의 품앗이 활동이 사교육 문제를 해결할 수 있을까요?

A. 엄마의 에너지를 보태는 품앗이, 대안 교육으로의 실험

도서관을 통해서 품앗이를 경험한 엄마들이라고 다른 사교육을 아주 안 하는 건 아니지만, 마음은 조금 다른 것 같아요. 아이들과 수업하고 경험하면서 다른 엄마들과는 다른 가치관이 생긴 거죠. 엄마들의 품앗이 교육이 유아나 초등학교 저학년 때 자리를 잡으면 그 자체가 사교육의 대안이 될 수 있을 겁니다. 물론 저희도 이게 또 하나의 사교육으로 왜곡되지 않게 하려고 애를 많이 써요. 제가 생각하기에 사교육은 경쟁을 위한 교육이거든요. 저희가 품앗이를 할 때는 경쟁하지 않고 기다려 주는 것, 같이 성장하는 걸 목표로 합니다. 어린아이 때부터 이런 것들이 훈련이 되면 중고등학생이 되어서도 분명 경쟁하는 공부는 하지 않을 겁니다. 물론 사교육을 쫓아다니는 일도 없을 거예요. 지금 우리는 그런 실험을 하고 있는 겁니다.

 **TIP 책읽는 엄마 책읽는 아이**

'책읽는 엄마 책읽는 아이'를 만나려면
http://littlelibro.org/로 가보세요.

홈페이지를 방문하면 현재 진행 중인 수업에 대한 내용이 자세하게 안내되어 있다. 때로는 1년 장기 프로젝트도 있고, 4~6주 단위로 진행되는 수업도 있다. 자원봉사 엄마들의 도움으로 무료로 진행되는 것도 있는 반면, 어떤 수업은 약간의 수업료를 내기도 한다.

우리 동네 도서관 찾기

작은 도서관 '책읽는 엄마 책읽는 아이'는 김소희 관장이 개인적으로 만든 도서관이다. 10년이란 시간 동안 수많은 시행착오를 거쳐 오늘날의 모습을 갖춘 곳이다. 만일 김 관장의 소신과 많은 엄마들의 노력이 어우러지지 않았다면 오늘날과 같은 모습을 갖출 수 없었을 것이다.

사실 아이를 키우기 위해서는 엄마 개인의 모성뿐 아니라 정부, 학교, 지역사회 등 모든 구성원이 함께 아이를 키워 나가는 사회적 모성이 필요하다. 따뜻한 돌봄과 배움이 가능한 사회, 함께 성장하는 세상을 만들기 위해 이 작은 도서관도 힘을 보탰다.

게다가 요즘 도서관은 책을 읽는 공간만이 아니다. 아이들이 태어남과 동시에 놀이 장소가 되고 만남의 중심이 되고 있다. 누구나 단골손님처럼 드나드는 곳, 그곳이 바로 도서관이다. 이렇듯 우리들이 꿈꾸는 희망과 행복이 있는 도서관을 찾고 싶다면 다음 사이트를 이용해 보자. 전국에 있는 어린이 도서관, 동네 사랑방 같은 작은 도서관을 만날 수 있다.

- 책 읽는 사회문화재단(www.bookreader.or.kr) '기적의 도서관'
- 북스타트(www.bookstart.org) '시행 지역'
- 문화체육관광부 도서관정책위원회(www.clip.go.kr) '작은 도서관 소개'

더불어 전문가들이 권하는 도서관 이용법을 실천에 옮겨 보자.

❶ 한 번에 많이 읽는 것보다 내 집처럼 자주 드나들자.

❷ 도서관에 가는 재미를 위해 아이에게 책 선택권을 주자.

❸ 이야기 방에는 꼭 참여하자.

❹ 게시판을 꼼꼼하게 챙겨 읽고, 각종 프로그램을 잘 활용하자.

❺ 동아리 활동에 참여하자.

사교육 다이어트,
가정학습에 길이 있다

"사교육 다이어트? 그러면 아이 성적 금방 떨어질 텐데……."

"가정학습에 길이 있다고? 내가 보기엔 없다……!"

처음 이승희 작가가 이 아이템을 같이하자고 제안했을 때 솔직히 내 생각은 이랬다.

나에게는 초등학교 3학년인 딸아이가 있다. 당시 우리 딸은 국어, 수학, 사회, 과학, 한자, 일본어 등 학습지 여섯 개와 영어 학원 주 3회, 피아노 학원 주 2회 그리고 중간중간 수영, 발레, 스피드 스케이트를 번갈아 배우고 있었다.

물론 이 모든 것은 내가 시킨 게 아니었다. 친구가 하니까 나도 하겠다며 스스로 원해서 시작한 거였다. 때문에 시간을 쪼개고 하루가 바쁘게 돌아가도 힘들다거나 그만두겠다고 하지는 않았다.

우리 딸이 초등학교에 입학할 즈음 둘째가 태어나는 바람에 2학년 때까지는 거의 모든 공부를 학습지와 학원 선생님께 맡겨 놓았었다. 공부나 시험에 관해선 거의 신경을 쓰지 않았지만, 아이는 어느 정도 엄마의 기대치를 채워 주었다. 그러다 보니 나는 점점 아이에게 바라는 게 많아졌고, 아이와 나를 만족시켜 줄 학원을 알아보기 위해 가끔씩 같은 반 학부모들이나 학원 전단지를 보며 정보를 모으고 있었다.

나도 나름의 기준은 있어 무턱대고 남들이 좋다는 학원을 선택하지는 않았다. 내가 직접 방문해서 강사의 수준이나 학원 분위기를 보고 아이의 성향에 맞는지 견주어 보고 결정했다. 그것이 마치 의식 있는 엄마의 태도인 것처럼…….

더구나 2학년 때까지는 어린 동생 때문에 못했던 공부를 봐 준답시고 아이가 학교를 마치고 집으로 돌아오면 예습, 복습을 시키기도 했다. 무조건 학원에만 아이를 맡기는 것은 엄마의 역할을 제대로 못하는 것이라 여기며 사교육에 엄마표를 더했다. 그때는 마치 국제중학교 합격도 멀지 않은 미래에 실현 될 것 만 같았다.

그런데 웬일인지 내가 이렇게 신경을 쓰기 시작하면서 아이에게는 오히려 과부하가 걸리기 시작했다. 학원 갔다 와서 학습지 풀고, 학교 숙제하고, 엄마랑 공부까지 하고 나면 12시를 넘기는 일이 많았다. 그제서야 잠이 들다 보니 아이는 당연히 피곤에 절어 있었고, 나도 어느 순간 '이건 아닌데'라는 생각이 들었다. 그렇지만 그렇다고 학습지와 학원을 그만둘 수도 없었다. 아니, 상상도 할 수도 없는 일이었다.

'남들과 보조를 맞춰 진행하는데 지금 어떻게 그만둘 수 있겠어? 그리고 만일 그만둔다면 그 다음은 어떡할 건데?'

나는 이런 고민들로 머리가 복잡했다.

그런데 그 비슷한 시기에 이승희 작가가 '엄마표 가정학습'을 함께 취재하자고 제안해 왔다. 나는 엄마표 가정학습을 성공적으로 진행하는 다수의 엄마들을 취재하면서 참 많이 공감하고 참 많이 반성했다. 그들을 취재했지만 내 머릿속은 엄마의 역할과 내 아이에 대한 많은 고민들로 가득 찼다. 취재가 끝나고 방송이 나갈 때쯤, 나는 아이에게 모든 학원을 그만두게 했다.

"엄마, 그래도 영어 학원은 다녀야 하지 않을까? 너무 다 그만둬 버리면 좀 그렇지 않을까?"

얼떨떨한 표정으로 나를 쳐다보던 아이의 얼굴이 지금도 떠오른다.

그러나 정연이네를 취재하면서 '엄마표 영어'에 확신이 생겼다. 그리고 학습지가 아닌 다독으로도 얼마든지 학교 공부를 따라잡을 수 있겠다는 자신감도 갖게 되었다. 그것이 지금 당장 효과를 내지 않더라도 책의 힘을 믿기에 딸에게도 학원을 그만두는 대신 책을 많이 읽게 했다.

다행히 우리 딸은 손에서 늘 책을 놓지 않을 만큼 평소 책읽기를 좋아해 학원을 그만두고 남는 긴긴 시간을 보고 싶은 책 실컷 보면서 즐거워한다. 방송이 나간 5월부터 지금까지 500권을 넘게 읽었다(나도 한 교육 사이트에 아이의 책 목록을 정리하고 있다. 독서 이력 준비랍시고!).

학원 시간 때문에 놀지 못하던 또래 친구들과도 매일 하교 후에 놀이터에서 실컷 놀다 온다. 그리고 무엇보다 아이와 내가 정신적으로 여유가 많이 생겼다. 물론 학원을 보내지 않아 긴장감이 떨어졌고, 학교 성적도 내 마음에 들었다 안 들었다 하지만, 그래도 책을 많이 보고 있으니까 언젠가 책의 힘이 발휘될 거라 믿고 있다.

사교육에 의지하지 않으니 방과 후 프로그램에도 눈을 돌릴 수 있었다. 학원에 보낼 때는 방과 후 프로그램의 질에 대해 의심을 했는데, 들어 보니 방과 후 수업도 꽤 괜찮다는 느낌이 들었다.

영어는 학원을 그만두고 나서 오히려 영어책을 많이 보는 계기가 되었다. 영어 유치원 2년, 초등학생이 되어서도 줄곧 영어 학원을 다녔지만 숙제 외에는 일체 영어책이나 영어 DVD조차 본 일이 없었는데, 오히려 테스트를 보면 성적은 상위권이었고, 원어민과의 의사소통에도 별 막힘이 없이 자신 있게 말하는 편이었다.

아무래도 언어 쪽으로 감각이 있는 것 같으니 집에서 조금만 더 공부하면 실력이 확 늘 것 같았다. 학원을 다닐 때는 숙제할 시간도 모자라다며 집에서 따로 영어책을 보고 싶어 하지 않았는데, 학원을 다니지 않으니 자연스레 영어책에도 관심을 보이기 시작했다. 지금 레벨은 2.0~2.5 정도의 수준이지만, 긴 분량의 챕터북도 열심히 보는 중이다.

엄마표 영어에 대해서는 아직도 불안감이 없진 않다. 그렇지만 아직 초등학교 3학년이니 5~6학년이 되기 전까지는 느긋하게 여유를 가지고 영어 다독에 집중할 생각이다.

사실 초등학교 1학년 때는 우리 아이가 뭐든지 다 잘하는 것 같았다. 잘하는 아이를 더 잘하게 밀어 주는 게 엄마의 몫이라고 생각했다. 그래서 이것저것 막 시켰고, 그게 다 아이의 실력이 될 거라고 생각했다. 그러나 초등학교 3학년인 지금, 그것이 전부가 아님을 깨달았다.

경원 엄마는 엄마가 변하니 아이도 변하더라고 말했다. 엄마 스스로의 기준을 내려놓고 아이를 바라보니 아이는 여전히 그 자리에서 잘 자라고 있더라고 했다. 나 역시 내 기준에 아이를 맞추느라 아이와의 갈등이 심했다. 내 언성은 자꾸만 높아지고 아이는 자꾸만 위축되는 듯했다. 눈엣 가시처럼 하나하나 거슬리고 잔소리하던 것들을 많이 내려놓았다.

엄마, 아빠가 친구처럼 공부하는 미나네 가족을 보면서 우리 딸의 모습이 오버랩되었다. 엄마가 조금만 부드러워져도 금방 헤헤거리며 조잘대는 딸인데, 미안했다.

방송에 소개된 모든 가정에는 공통점이 있다. 먼저 아이가 무척 행복하게 공부하는 것, 그리고 아빠 엄마가 성적보다는 아이의 행복을 위해 노력했다는 것이다. 언젠가 책에서 읽은 "행복한 아이는 힘들이지 않고 공부한다"는 글귀가 자꾸 마음 언저리를 맴돌았다.

취재가 끝날 무렵 나는 완전히 바뀌었다. 그동안 빵점짜리 엄마였음을 이제야 깨달았다. 그리고 가정학습에서 길을 찾았다. 그것이 설사 최고의 성적표를 보장해 주지 않을지라도 최소한 행복한 아이로 커 나갈 수 있는 방법은 알게 되었다.

임미영